人类将走进开发利用太空资源的新时代

SPACE RESOURCES

太空资源

齐国生　主编

中国宇航出版社
·北京·

图书在版编目(CIP)数据

太空资源 / 齐国生主编.-- 北京 ：中国宇航出版社，2016.6(2019.3 重印)

ISBN 978-7-5159-1138-0

Ⅰ. ①太… Ⅱ. ①齐… Ⅲ. ①宇宙-资源-研究 Ⅳ. ①P159

中国版本图书馆 CIP 数据核字(2016)第 139225 号

责任编辑　黄　莘
责任校对　王　妍　　　**装帧设计**　宇星文化

出　版
发　行　中国宇航出版社

社　址　北京市阜成路 8 号　**邮　编**　100830
(010)60286808　(010)68768548

网　址　www.caphbook.com

经　销　新华书店

发行部　(010)60286888　(010)68371900
(010)60286887　(010)60286804(传真)

零售店　读者服务部
(010)68371105

承　印　三河市君旺印务有限公司

版　次　2016 年 6 月第 1 版
2019 年 3 月第 3 次印刷

规　格　787×960

开　本　1/16

印　张　15.5

字　数　175 千字

书　号　ISBN 978-7-5159-1138-0

定　价　60.00 元

《太空资源》

编 委 会

前言

德国哲学家康德说过:“世界上有两件东西能够深深震撼人们的心灵,一件是我们心中崇高的道德准则,另一件是我们头顶上的星空。人类自诞生以来,便一直用迷惘的双眼审视那变幻莫测、广袤无垠的星空。”太空,其浩瀚无垠和构造之美令人神往,其资源丰富和环境独特引人瞩目。随着空间技术的发展,人类的视野已由地球这个蓝色的星球扩展到无限浩渺的宇宙空间,人类的活动范围从陆地延伸到海洋、天空和太空。

走出地球、探索宇宙奥秘、开发利用太空资源、造福于全人类,是一代又一代人不懈的追求,是人类永续发展的希望之路。科学探索已经发现,太空中有着取之不尽的资源,迄今探明或开发利用的太空资源主要有三大类:空间物质与能源资源,如太阳能和星体上的矿物资源;空间环境资源,如微重力、高真空、强辐射、大温差等特殊天然环境;空间高远位置资源,它为各种星体和人造航天器提供运行轨道。在过去的半个世纪里,运行在空间高远位置上的航天器执行太空探索和开发任务,实现了卫星通信、卫星导航定位、卫星对地观测,利用太空特殊的环境进行了各种科学实验,探访了金星、火星、水星、木星、土星以及行星际空间和彗星,太空探索和开发利用,已对人类社会发展产生了深刻而广泛的影响，创造了现代文明史的奇迹。展望未来，伴随着科学技术的迅猛发展，登陆月球及月球以远的星球、与机器人共同探索太空、建造太空太阳能电站、到月球上去采矿、移居外星新家园的设想，将一一变为现实，人类将走进太空资源开发利用的新时代。

太空资源的探索与开发已经并将更为深刻地影响人类的生产和生活。正是人类的智慧与勇气促使太空探索活动取得一个又一个成功，不断迈向新的高度。辉煌成就的背后，是无数科学家、航天员为太空事业的默默奉献和巨大牺牲，他们贡献了自己的聪明才智和辛勤劳动，甚至是宝贵的生命。在本书完成之际，我们要向所有为太空资源开发利用作出贡献的人表示崇高的敬意！在本书编写过程中，我们得到了航天领域多位专家、学者的悉心指点和帮助，尤其是中国科学院院士、国际欧亚科学院院士孙家栋先生，中国工程院院士、国际宇航科学院院士王礼恒先生对本书的内容给予了指导，提出了很多宝贵的意见和建议，在此我们表示衷心的感谢！

由于本书编写人员知识水平的局限性，书中难免存在疏漏之处，敬请读者批评指正。

编者

2016 年 5 月

目录
CONTENTS

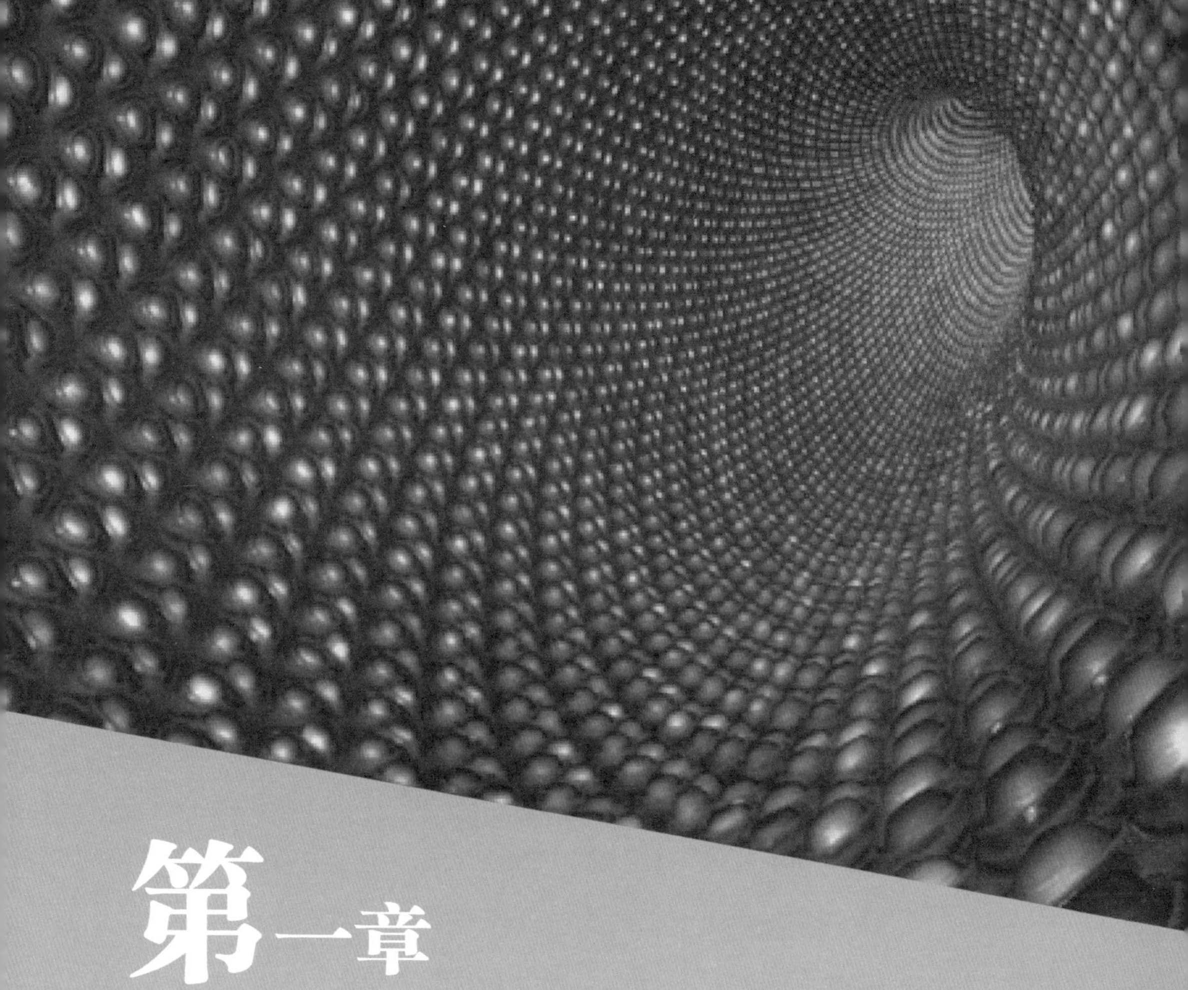

第一章

人类开启开发太空资源的新篇章

“地球是人类的摇篮，但是人类不会永远生活在摇篮里，他们将会不断争取新的生存空间与世界，起初是小心翼翼地飞出地球大气层，然后将探索整个太阳系。”

——[俄] 康斯坦丁 · 齐奥尔科夫斯基

地球是人类生存之本、一切财富之源。在人类发展的历史长河中，人们在地球这个蔚蓝色的天体上一代代繁衍生息，地球为人类的生存和发展提供了丰富的物质财富和广阔的活动空间。但地球上的资源毕竟是有限的，人类要实现永续发展，必然要抱着“上九天揽月”的豪迈情怀，不断拓展新天地，以迈向更高、更远的未来。

外层空间蕴藏着极其丰富和具有使用价值的资源，是人类取之不尽、用之不竭的资源宝库，开发利用前景十分广阔。1981年国际宇航联合会召开第32届大会，将太空（外层空间）和陆地、海洋、大气层一起称为人类活动的“四大生存空间”，标志着太空时代已经到来。随着空间技术的不断发展，人类已经实现了进入太空的梦想，开启了开发利用太空资源的新篇章。

一、人类开发利用资源的发展变迁

“资源”一词，其字面意思为一切财富的本源：“资”可分解为“次”与“贝”两部分，“次”即一次次、又一次或再一次，“贝”即财富；“源”即本源、根源、来源、发源、源头和源泉等意思。《辞海》中将资源定义为：“资财的来源，并特指天然的财源。”联合国环境规划署（UNEP）1972 年将资源定义为：“所谓资源，特别是自然资源，是指在一定的时间、地点、条件下，能够产生经济价值，以提高人类当前和未来福利的自然环境因素和条件。”

资源是人类赖以生存与发展的物质基础和保障。纵观人类文明发展的历史进程，人类开发利用资源的过程经历了从陆地到海洋、从海洋到天空（大气层）、从天空到太空（外层空间）的拓展。陆地是人类首先适应，继而观察、探测、研究和认识，进而开发利用以发展文明造福自己的第一个天然环境；2000 多年前，人类创造了条件，开始向她的第二个天然环境——海洋进军；20 世纪初，人类进入第三个天然环境——大气层；到了 20 世纪 50 年代，人类跨进了她的第四个，也是最新的一个天然环境——外层空间。[①] 人类每

① 王希季：《中国为什么要发展载人航天》，2001 年 11 月 26 日《文汇报》专访。

进入一个新的环境，都伴随着震惊全球的历史事件，从燧人氏钻木取火、伏羲氏结网捕鱼、神农氏种植五谷，到牛顿发现万有引力、瓦特发明蒸汽机、爱迪生发明白炽灯泡，人类在陆地上对资源的利用越来越广泛和深入；1492 年，哥伦布发现新大陆，改变了世界的格局，世界通过海洋连成了一体，世界范围内的人员开始双向互动，人类社会进入了一个新阶段；1903 年，莱特兄弟发明飞机，让人类实现了在蓝天中飞翔的梦想，拉近了世界各地的距离；1957 年，苏联第一颗人造地球卫星发射升空，人类吹响了进军太空的号角，太空资源逐渐被人们认知和利用……随着科学技术的发展和人类社会活动范围的不断扩展，人类对资源的认识和利用能力得到持续提升。

1. 陆地是人类开发利用资源的起点

人类社会文明的发展跃迁，是不断地通过开发利用资源创造物质财富和精神财富的过程。人类对资源的认识和利用，最初是从我们生活的陆地开始的。

在旧石器时代，人类利用的资源是非常有限的，主要有石头、树枝、兽、鱼和果实等。原始人类为寻求食物以维持生存，使用木、石等原始工具；为遮风避雨和保障安全，选择天然洞穴作为栖身之地。在采集、狩猎和捕捞的过程中，为稳定地获取食物，原始人类对石、木及骨骼等原始材料进行简单的加工，制造了粗糙的打制石器、木器、骨器等劳动工具，扩展了食物采集的范围和数量。

随着人类的进化，借助简单工具采集、狩猎、捕捞野生动植物资源，已不能满足生存发展的需要，人类开始利用土地、水源、气候等资源，种植作物和发展饲养业。刀耕火种的原始农业迅速发展，人类掌握了粟、黍、水稻、玉米、小麦、麻、马铃薯、南瓜以及白菜、芥菜等植物的种植方法；开始驯养猪、牛、狗、羊、马等动物，发展了原始的畜牧业。同时，制陶、纺织等手工业的发展，大大改善了人们生活的舒适度。

公元前3000年左右，人类进入了青铜器时代，开始接触、开发和使用金属矿产资源。开采矿藏，掌握了铜和青铜的冶炼、锻造技术，使用青铜制作刀、斧、锯、犁等生产和生活用具。公元前2000年，人类进入了铁器时代，掌握了冶铁术，用铁制造了大量的生产、生活用具和武器，社会劳动生产率得到了迅速提高。在这一时期，虽然金属工具和简单机械有了广泛应用，但耕地、草场、森林、水域等资源，仍是人类主要的生产资源和生存基础。

科技的进步使人类对资源的开发利用进入了一个崭新的阶段。1777年，瓦特发明了蒸汽机，而后使用蒸汽技术的机器大量涌现，许多繁重的手工劳动被机械所替代，人类进入了工业经济时代。在这一时期，人类开始大规模利用煤炭和铁，19世纪80~90年代，内燃机做动力的机械发明大量出现，使原本作为照明、医药原料[①]的石油成为人类生产生活中越来越重要的物质资源，地下矿产资源进

① 在古波斯人的碑文上，就有上层贵族把石油用于制药和照明的记录。1783年，林肯将军的革命军路过宾夕法尼亚的阿勒尼格时，士兵们就用浮在泉水上的这种黑油浸洗关节，传说“许多人的风湿病立刻消失了”，士兵们喝了许多这种泉水，它们的作用就像一种“温和的泻药”。在如今的医药领域，石油化工为制药企业提供了合成药物的必要原料。

入社会化生产过程，成为工业文明时代的核心资源。

历史回眸

1863 年，霍夫曼在英国 W. H. 帕金发明合成染料的基础上，进行了染料、香料、医药合成的广泛研究，从此，许多天然物质制品被化学制品所替代。

1866 年，德国人西门子发明了电动机和发电机，实现了电能和机械能的相互转换，能源资源得以异地运输。

1878 年，法国人建成了世界上第一个水力发电站，扩大了水资源的利用范围。

1876 年，苏格兰人贝尔发明了电话；1895 年，意大利人马可尼发明了无线通信设备，电子资源开始进入人们的生活。

第二次世界大战以后，人类社会进入了一个飞速发展的时代，随着新型产业的出现，新的资源不断涌现。1942 年，美国建成世界上第一座核反应堆，此后核能作为新型能源得以应用。1944 年，科学家 O. T. 埃弗里提取 DNA 成功，20 世纪 70 年代以来，基因工程、细胞工程、酶工程和蛋白质工程开辟了生物资源利用的新时代。1946 年世界上第一台真空管电子计算机问世，1958 年第一块集成电路出现，1967 年微型计算机出现，1973 年世界上第一个计算机网络系统建成，1990 年出现互联网，各类信息成为人类社会不可或缺的重要资源。

人类从诞生那一刻起，就在不断认识、利用着陆地上的各种资源，但对这些资源的开发还局限在地球“表面”，目前人类地球钻探的最深记录还停留在12千米的深度[①]，与地球6000多千米的半径相比，仅仅只是地球的表皮，人类走向地心还尚待时日。实施深地探测，延伸土地资源的空间内涵，发掘大地深处蕴藏的各种资源宝藏，开辟“第二矿产空间”，已成为未来陆地资源开发的重要趋势。

2. 海洋是人类开发利用资源的宝库

地球上71%的面积是海洋。海洋是全球生命支持系统的一个基本组成部分，是全球气候的重要调节器，同时它蕴藏着丰富的物质、能源，并拥有广阔的空间。指南针及西方造船技术的发明，促使人类对资源的探索迈向了神秘的海洋。

海洋首先为人们提供了丰富的食物资源，海盐、渔业、海产品养殖业的发展，帮助人们解决食物缺乏的难题。据文字记载，中国在距今5000多年前已利用海水制盐。从第二次世界大战结束至今，全球渔业产量一直持续地、大幅度地增长，不断满足人们的生产和生活需求。

自古以来，海洋是全世界最主要、最天然的交通基础资源。公元前210年，秦始皇命徐福率“童男童女三千人”和“百工”，携带“五谷子种”，乘船泛海东渡，成为迄今有史记载的东渡第一人。汉代开辟的海外交通与东西方海上丝绸之路，加强了中国与非洲、

① 《深地探测：探索大地蕴藏的奥秘》，《经济日报》2013年3月2日。

富饶的海底世界

欧洲的联系。1405 年，郑和[①]下西洋，创造了中国古代规模最大、船只及海员最多、时间最久的海上航行，拜访了 30 多个国家和地区，开辟了贯通太平洋西部与印度洋等大洋的直达航线。意大利著名航海家哥伦布[②]在西班牙国王的资助下，从 1492 年到 1504 年，先后四次出海远航，发现了美洲大陆，开辟了大西洋到美洲的航路。17 世纪中期，荷兰凭借强大的海军舰队和遍布世界各大洋的商船队，垄断着世界重要的航线，超群出众的海洋运输能力使其获得了“海上马车夫”的称号。1588 年，英国击败西班牙无敌舰队后，逐渐成为海上新兴的霸权国家，甚至发展成为“日不落殖民帝国”，19 世纪后期，英国取得了对苏伊士运河几乎独占的控制权。到 19 世纪末，世界大洋的主要航道都已开辟，20 世纪前期，又开辟了通往南极的航道，开凿了连接太平洋和大西洋的巴拿马运河，开始了北极航道的定期航行。海洋上一些重要的航道如同陆地上的关隘一

① 郑和（1371–1433），云南昆阳宝山知代村人，中国明朝航海家，外交家。

② 哥伦布（1451–1506 年），意大利航海家、探险家，四次出海远航，开辟了横渡大西洋到美洲的航路，先后到达巴哈马群岛、古巴、海地、多米尼亚、特立尼达等岛，考察了中美洲从洪都拉斯到达连湾 2000 多千米的海岸线。

样，成为航海活动的咽喉要塞。如今，在美国的全球战略中确定了包括马六甲海峡在内的必须控制的16条咽喉水道。除航海外，人类还充分利用海底空间铺设电缆、管道，建设海底隧道。日本青函隧道是世界上最长的海底隧道，全长53.9千米，其中海底部分长23.3千米，最深部分在海底100米以下，隧道顶部离水面的距离为240米。我国青岛胶州湾隧道的海底部分长7.8千米，是目前我国最长、世界第三的海底隧道，其最深处位于海平面以下82.81米。青岛胶州湾隧道是连接青岛与黄岛之间的最短道路，按设计时速80千米/小时的速度，开车只需10分钟，便可往返胶州湾两岸。

日本青函海底隧道

中国青岛胶州湾隧道

海洋更是一个巨大的能源宝库，潮汐能、波浪能、海流能、海洋热能①、海上风能等资源，正在逐渐被人们所开发和利用。在中世纪的西欧（法国、西班牙和英国），潮汐工厂曾广泛存在，目前

① 月球引力的变化引起潮汐现象，潮汐导致海水平面周期性地升降，因海水涨落及潮水流动所产生的能量称为潮汐能；海洋表面波浪所具有的动能和势能称为波浪能；海流能主要是指海水在海底水道和海峡中较为稳定地流动以及由于潮汐导致的海水有规律地流动所产生的能量；海洋受太阳照射，把太阳辐射能转化为海洋热能。

全世界建有4个潮汐电厂，分别位于法国、加拿大、中国和俄罗斯。据估算，世界上每年仅可利用的潮汐能一项就达30亿千瓦，可供发电约为260万亿度。科学家曾做过计算，沿岸各国尚未被利用的潮汐能要比目前世界全部的水力发电量大一倍。[①] 1799年，法国吉拉德父子公司申请了将海洋波浪能转化成其他能量的专利技术。据计算，全世界海洋中可开发利用的波浪能约为27~30亿千瓦/年。[②] 1881年，法国工程师Jacque D´Arsonval第一次提出了海洋热能转换系统的设想，1930年，世界上第一个海洋热能转换系统厂建于古巴北部海岸。海洋热能又称海洋温差能，是利用海洋中受太阳能加热的表层水与寒冷的深层水之间的温差进行发电而获得的能量。据计算，从南纬20度到北纬20度的区间海洋洋面，只要把其中一半用来发电，海水水温仅平均下降1℃，就能获得600亿千瓦的电能，相当于目前全世界所产生的全部电能。

海洋中还蕴藏着数量极为可观的矿物质资源，从石油、天然气到铜、锌、锡、锰、银、金等金属元素，甚至还有能为农业提供肥料的磷酸盐矿。20世纪60年代，人类在红海偶然发现了海底矿床，70年代，在太平洋热液喷口处发现大量硫化物沉淀后，再次掀起了开发开采海洋矿产资源的热潮。1987~1990年，阿拉斯加地区从4.46万立方米的矿砂中，提炼出总重量达3672.6千克的金矿。20世纪50年代，人类发现了钻石沙石沉积物，并于60年代进行全面开采，而近海的持续开采活动始于1989年，1996年在纳米比亚近

---

① 王京生：《海洋能资源》，《水利天地》2014年第2期。

② 同上。

海区域共开采了超过 65 万克拉的钻石。目前人们已经可以从 100 米甚至更深的海底基岩沙砾中成功挖掘钻石，水下机器人可以在 200 米深处的大陆架开采作业。1947 年，在距路易斯安那州摩根市 12 海里的海岸，科麦奇斯坦林德和菲利普斯石油公司用 Kenmac16 钻机在 6 米深的浅滩 32 区钻探，这是世界上第一个成功开发海洋石油资源的商业案例。从此，海上石油产量不断增加，如今有超过 20 个主要地区在开展海上油气开发，世界各地有 126 个项目正在进行。全球有超过 8300 个海上石油和天然气设施、645 个移动式海上钻井平台，海上石油和天然气生产贡献分别占世界供应量的 35% 和 25%。①

深水石油钻井平台

① 马可·科拉正格瑞著，高健、陈林生等译：《海洋经济——海洋资源与海洋开发》，上海财经大学出版社，2011 年 11 月第 1 版，第 45~46 页。

海水总体积占地球上总水量的97.2%，大量的海水已成为地球日益枯竭的淡水资源的重要补充。古罗马帝国曾用简单的蒸馏器，给被围困在埃及亚历山大的罗马军队供应淡水；20世纪40年代以来，海水淡化技术越来越丰富：1944年人工冷冻法出现，1953年发明了溶剂萃取法，1954年电渗析淡化装置问世，1960年反渗透淡化法从理想变成了现实，1961年又有人提出了耗能很低的水合物法。已经被人类掌握的海水淡化技术，成为开发新水源、解决沿海地区淡水资源紧缺的重要途径。目前，全球海水淡化总产量已经达到每天6520万吨。[①] 海洋水资源的直接利用，尤其作为工业冷却水的利用，其社会效益和经济效益也已为人们普遍认识。青岛发电厂自1936年起开始直接利用海水做冷却水，日用海水量达到72万吨；香港每天用于冲厕的海水达35万立方米，仅此一项每年节约淡水1.2亿立方米；全球海水冷却水年用量超过7000亿立方米。[②]

海洋中的生物还为制药行业提供了丰富的原材料。自公元前300年起，中国和日本就用海藻来治疗甲状腺肿大和其他腺体疾病；罗马人用海藻来治疗烧伤和皮疹；英国人用紫菜预防长期航海中易患的坏血病……随着人类对海洋药用生物资源的研究，新的海洋生物药源不断被发现，目前在海洋生物中发现可作为药物和制药原料的已达千余种，从微生物到鲸类都有。例如，从海产粘盲鳗中提取

---

① 李军、袁伶俐：《全球海洋资源开发现状和趋势综述》，《国土资源情报》2013年第12期。

② 同上。

盲鳗素，是一种强效心脏兴奋剂和升血压剂；鳕鱼肝油是治疗维生素 A、D 缺乏症的良药，还可以治疗烧伤和脓疮；海洋中有许多物种含有毒素，临床上可作为肌肉松弛剂、镇静剂和局部麻醉剂。

世界海洋旅游事业正在向广度和深度迅速拓展和延伸，海洋旅游业已经成为人类旅游活动的主要形式之一。滨海旅游活动正是人们利用了包括海洋自然景观、娱乐与运动、人类海洋活动历史遗迹，以及海洋科学等各方面资源，创造经济效益和社会效益的活动。目前，中国沿海已开发有 1500 多处旅游娱乐景观资源，16 个国家历史文化名城和沿海港口城市群，25 个国家重点风景名胜，沿海及海岛地区近年来接待的游客人数以每年高达 20%～30%的速度递增。①

几百年来，西方大国的崛起都离不开其对海洋的重视、利用和开发，而进入 21 世纪之后，海洋在政治、军事、经济、生态、文化中扮演的重要角色已广为人知。目前，人类对海洋资源的竞争，逐渐转向面积约 2.5 亿平方千米、占地球表面积 49%的国际海底区域。在这一区域中蕴藏着丰富的资源，包括矿产资源（如多金属结核、富钴结壳、多金属硫化物）、深海生物及其基因资源、空间资源、环境数据与信息等。② 人类正通过不断提高海洋资源的开发能力、发展海洋经济、保护海洋生态环境等手段，加强海洋资源的利用。

---

① 辛仁臣、刘豪主编：《海洋资源》，中国石化出版社，2008 年 11 月出版，第 185 页。

② 李军、袁伶俐：《全球海洋资源开发现状和趋势综述》，《国土资源情报》2013 年第 12 期。

3. 天空是人类开发利用资源的重要疆域

这里所称的天空是指地面以上、海拔 20 千米以下的大气空间。在这一区域内，人类经过摸索和实践，对自然气候、空间位置等各种有形或无形的资源加以利用，服务于人类发展的需要。

人类从诞生之日起，就在利用空气、阳光、雨露等各种气候资源维持生存。为了发展农业生产，人类开始观测天文、气象，通过长期的实践和观察积累，掌握了气候变化的规律，用以指导农业生产。早在战国时期，古代人民经过长期观察、积累和总结，编制了二十四节气歌，用来指导农事。公元前 650 年左右，巴比伦人通过观察云的样子来预测天气。千百年来，人们在生产实践中，根据云的形状、来向、移速、厚薄、颜色等的变化，总结了丰富的“看云识天气”的经验：薄云，往往是天气晴朗的象征；低而厚密的云层，常常是阴雨风雪的预兆。“天上钩钩云，地下雨淋淋”“朝霞不出门，晚霞行千里”“云往东，车马通；云往南，水涨潭；云往西，披蓑衣；云往北，好晒麦”等脍炙人口的谚语，正是看云识天气的生动写照。公元 644 年，人类发明了风车，风能作为新型的能源开始服务于人类的生产生活。20 世纪 30 年代，丹麦、瑞典、苏联和美国应用航空工业的旋翼技术，成功地研制了一些小型风力发电装置，风力发电开始在多风的海岛和偏僻的乡村使用。17 世纪，科学家开始使用科学仪器（比如气压表）来测量天气状态，并使用这些数据开展天气预报。1856 年，法国成立了世界上第一个正规的天气预报服务系统。如今，小至人们的衣食住行，大到火箭发射、防灾减灾等重要的科研实验活动，都要依赖天气预报提供的信息。人类对太阳能的利用也有着悠久的历史：自古以来，北半球的人们修建房屋大多采用坐北朝南的方位，而且设置若干窗户，就是要把太阳的热量引入室内；不同纬度地区农耕时间和周期不同，也是利用了太阳能的不同分布；1969 年世界上第一个实现太阳能发电的太阳能电站——法国奥德约太阳能发电站建成，开辟了对太阳能利用的新时代。如今利用太阳能进行发电，早已不是什么新鲜事。

人类在征服大自然的漫长岁月中，早就产生了翱翔天空的愿望，并不断进行着探索。从中国的孔明灯到法国科学家夏尔教授发明的氢气球，在经历了无数次的尝试之后，1903 年，由美国莱特兄弟发明的世界上第一架飞机问世，使人类在大气层中飞行的古老梦想真正成为现实。一百多年来，航空科学技术得到迅速发展，飞机性能不断提高，人类逐渐取得了在大气层内活动的自由。20 世纪初飞机诞生后，其潜在的军事价值很快得到了人们的重视。1911 年墨西哥内战中，飞行员用手枪互相射击，成为人类历史上的第一次空战。1917 年 1 月，英国索普维斯飞机制造公司制造的“骆驼”战斗机在第一次世界大战中摧毁了 1294 架敌军飞机。1919 年第一次世界大战结束后，民用航空运输市场飞速发展，许多飞机设计制造公司纷纷开始设计、制造专用的民航运输机，航空的发展大大改变了交通运输的结构，飞机为人们提供了一种快速、方便、经济、安全、舒适的运输手段，国际航班代替远洋客轮，成为人们洲际往来的主要工具。国内航班在一些国家更多地代替了铁路客运，加快了边远地区的开发。此外，飞机还被广泛运用于农业生产、大地测绘、地质勘探、空中摄影、森林防火以及环境保护等，对传统生产方式的变革产生了深远影响。

随着人口的急剧膨胀，地面空间越来越有限，迫使人类"向上"拓展空间，建设"立体化"的城市。如今，城市中的高楼大厦鳞次栉比，空中过街天桥、立交桥、高架桥随处可见，甚至出现了空中回廊、空中花园等空中休闲娱乐设施。即使在乡村，立体化的种植业也已蓬勃发展，人们利用各种生物间的相互关系，兴利避害，为充分利用空间，把不同生物种群组合起来，实施多物种共存、多层次配置、多级物质能量循环利用的立体种植。

4. 太空是人类开发利用资源的新领域

太空，《现代汉语词典》对其的解释为"极高的天空"。目前，对于"太空"的范围尚未有一个明确的界定，联合国和平利用外层空间委员会科学和技术小组委员会曾指出，当前还不可能提出确切和持久的科学标准，来划分外层空间和大气空间的界限。

1960 年召开的第 53 届巴塞罗那国际航空联合大会，将距离地球表面 100 千米的高度，划定为大气层和太空的分界线，并将之称为"卡门线"①；人造地球卫星离地面的最低高度为 100 千米；在航天器重返地球的过程中，120 千米是空气阻力开始发生作用的边界。目前获得较多认同的观点是：海拔 100 千米以上的区域可称之为

① 将这条线命名为卡门线，是为了纪念美国喷气推进实验室的创始人冯 · 卡门教授。

"太空"；海拔 20 千米至 100 千米的区域称为临近空间；海平面到海拔 20 千米之间的区域称为大气空间。

何谓临近空间

临近空间是美军对海拔 20 千米至 100 千米空间范围的一个通用性称谓，没有国际公认的确切定义。临近空间是航天和航空空间之间的过渡区域，拥有着大气平流层区域①、大气中间层区域②和小部分增温层区域③，纵跨非电离层和电离层④，其绝大部分成分为均质大气⑤。在临近空间这一高度，传统飞机遵循的空气动力学和卫星遵循的轨道动力学均难以适用。

人类正不断地对临近空间的利用进行积极的尝试，美国先后实施了"战斗天星"计划、"高空长航时验证艇"项目、"太阳神"号高空长航时无人机试验、高超声速飞行器"X-51"计划；2015 年 6 月 6 日，我国首个临近空间商用飞行器成功首飞。

---

① 大气平流层区域：指距地面 18 千米到 55 千米的空域。
② 大气中间层区域：指距地面 55 千米到 85 千米的空域。
③ 增温层区域：指距地面 85 千米到 800 千米的空域。
④ 按大气被电离的状态，60 千米以下为非电离层，60 千米到 1000 千米为电离层。
⑤ 90 千米以下的大气为均质大气，在此之上的为非均质大气。

历史人物

西奥多·冯·卡门

冯·卡门

西奥多·冯·卡门（1881–1963 年），匈牙利犹太人，1936 年入美国籍，是 20 世纪最伟大的航天工程学家，开创了数学和基础科学在航空航天和其他技术领域的应用，被誉为“航空航天时代的科学奇才”。

1938 年，冯·卡门指导美国进行第一次超声速风洞试验，发明了喷气助推起飞，使美国成为第一个在飞机上使用火箭助推器的国家。冯·卡门所在的加利福尼亚理工学院实验室后来成为美国喷气推进实验室，中国著名科学家钱伟长、钱学森、郭永怀都是他的亲传弟子。德国火箭科学家冯·布劳恩曾说：“冯·卡门是航空和航天领域最杰出的一位元老，远见卓识、敏于创造、精于组织……正是他独具的特色。”

探索和开发太空是人类与生俱来的秉性。自古以来，人类一直都在探索宇宙的形成、宇宙的边际及地球在宇宙中的位置。中国古人提出过“盖天说”和“浑天说”。汉代张衡①认为“宇之表无极，

① 张衡（78–139 年），南阳西鄂（今河南南阳市石桥镇）人。中国东汉时期伟大的天文学家、数学家、发明家、地理学家、文学家，发明了浑天仪、地动仪，是东汉中期浑天说的代表人物之一。由于他在天文学研究中的突出贡献，联合国天文组织将月球背面的一个环形山命名为“张衡环形山”，将太阳系中的 1802 号小行星命名为“张衡星”。

宙之端无穷”；古希腊哲学家柏拉图[①]认为宇宙由各个星层组成，在宇宙中存在一个中心；古希腊天文学家托勒密[②]提出地心说；哥白尼[③]提出了日心说；牛顿认为宇宙按照机械运动的规律运行；法国拉普拉斯[④]和德国康德提出了星云学说，认为宇宙物质是由星云逐渐变化而形成的……人类对蓝天、白云之外的太空，总是充满好奇，如何才能进入太空？能否在那里生存并繁衍后代？神秘的太空中到底有没有生命？其他星球上是否存在像我们地球人类这样的宇宙精灵……为了揭开宇宙的奥秘，千百年来，人类对太空展开了无尽的遐想，进行了无数次的探索：从“明月几时有，把酒问青天，不知天上宫阙，今夕是何年”的疑惑，到世界上第一幅月面图的产生；从张衡的浑天仪到哈勃望远镜；从中国古代火箭雏形到现代更大载荷、可重复使用的运载火箭；从嫦娥奔月的传说到阿姆斯特朗登月；从第一颗人造地球卫星到“好奇号”火星漫游车；从加加林乘坐的“东方号”飞船到空间站、航天飞机……人类在探索太空中取得了一项又一项的辉煌成就，徐徐揭开了太空的神秘面纱。

通过太空探索发现，太空中有着丰富的资源财富、无限广阔的

---

① 柏拉图（约公元前427–347年），古希腊伟大的哲学家，他和老师苏格拉底、学生亚里士多德并称为希腊三贤。其创造或发展的概念包括柏拉图思想、柏拉图主义、柏拉图式爱情等。

② 托勒密（约90–168年），古希腊天文学家、地理学家、占星学和光学家，是“地心说”的集大成者。

③ 哥白尼（1473–1543年），15世纪到16世纪波兰天文学家、数学家、教会法博士、牧师，其代表作为《天体运行论》。

④ 拉普拉斯（1749–1827年），法国分析学家、概率论学家和物理学家，法国科学院院士，其代表作有《概率分析理论》《天体力学》《宇宙系统论》。

活动空间，能为人类摆脱地球资源和生存空间的限制，开辟永续发展之路。地球上的丰富资源为人类社会的发展提供了有力的支撑，然而随着社会生产力的迅速发展，地球人口急剧膨胀、自然资源的消耗日益加剧，资源匮乏、生态恶化、环境污染和灾害频发，人类赖以生存的地球母亲日渐“不堪重负”，人类在地球上的生存面临着危机。全球人口 1900 年为 17 亿，2000 年为 60 亿，据估计，2050 年将达到 90 亿。通常认为，按照现在的消耗能力，地球花了 46 亿年时间为我们积累的化石资源可维持的年数是：石油 50 年左右，天然气 70 年左右，煤 200 年左右，大部分有色金属和贵重金属可供开采的年限都只有几十年。据国际权威研究小组①估计，2050 年，全球淡水消耗突破底线；地球上越来越多的空间被人类挤占，其他生物生存空间越来越小，加之乱捕滥杀，导致生态发展失衡；环境污染加剧，二氧化碳过量排放，促使全球变暖，酸雨破坏了地表植被、水源甚至建筑物，工业气体的排放，损坏了地球臭氧层，使人和牲畜癌症发病率急剧提高；各种自然资源不断被利用和消耗，导致淡水资源危机，耕地锐减，水土流失严重，森林、草原面积迅速减少，沙漠不断扩大……根据全球足迹网络②测算，2014 年 8 月 19 日为当年的地球“超载日”，即从这一天起，人类对自然资源的消耗，超过地球本年度生物承载力，这比 2000 年的地球“超载日”提前了一个多月。人类要生存和发展，就必须解决地球资源

---

① 2009 年，瑞典斯德哥尔摩环境研究所所长约翰·罗克斯特伦与来自环境、地球系统领域的 28 位国际专家组成的一个研究小组。

② 全球足迹网络（Global Footprint Network，简称 GFN），一家全球性智库组织，在北美、欧洲和亚洲均设有办公室。

日趋枯竭的问题。解决的办法，除了节约资源、扩大利用非消耗性能源、开发可循环再生能源等措施之外，还有就是走出地球，不断地认识并开发利用太空，以改善和扩大人类的生存空间和环境，为人类创造更美好的未来。

第一个登上月球的美国航天员阿姆斯特朗，他在向月面迈出第一步时说："对一个人来说，这是一小步。对人类来说，这是巨大的一步。""巨大的一步"说的是"人类在地球以外扩大生存空间的一步"。也许有一天，我们会在家里利用来自太空的太阳能发电，会使用采自其他星球的金属材料进行工业生产，会到月球上度过悠长假期，甚至逃离地球到火星上"定居"……伴随着空间技术的飞跃式发展，全新的空间文明时代不久将会到来。

王羲之在《兰亭集序》中说"后之视今，亦犹今之视昔"，唐太宗说"以史为镜，可以知兴替"。历史是面镜子，人类活动的空间从陆地、海洋、天空到太空（外层空间）拓展的历程表明，人类文明的每一次飞跃，也是人类认识自然、开发利用自然资源能力的飞跃。开发太空资源就像开发陆地、海洋和天空资源一样，与推动科技进步、促进经济发展、维护世界和平息息相关，并且外层空间的利用，也会极大地推动陆地、海洋和天空资源的开发。

二、科技使人类探索太空的梦想变为现实

随着空间技术的发展，人类研制生产出了火箭、卫星、飞船、航天飞机、空间站、空间探测器等，为人们进入陆地、海洋、天空

之外的第四大生存环境——太空，提供了技术手段和条件，使人类在认识自然、开发利用外层空间等方面，实现了一个质的飞跃。在人类太空活动发展过程中，每一次成功都依赖于科技的进步和突破，特别是20世纪以来空间技术迸发式的发展，以及同时期计算机、电子信息、材料等各领域的科技进步，促使人类活动范围实现从地表到大气层，再到宇宙空间的飞跃，人类飞天和探索开发太空的梦想变为了现实。

1. 火箭技术架起了人类走向太空的天梯

火箭的研制成功，为现代宇宙飞行提供了重要的运载工具。人造地球卫星上天、飞船载着航天员或货物驶向空间站、空间探测器飞离地球踏上深空探测旅程、无人或载人的航天器登陆地外天体……人类实现的一个又一个的飞天梦想，均得益于火箭这一运输工具的出现。

火箭的雏形可以追溯到中国唐宋时期，最早是基于黑火药的原理，作为战争武器被发明和使用。公元1000年，宋代的唐福制成了世界上第一支具有火箭技术雏形的战争武器。唐福所制的火药火箭，是在竹筒中填满火药，底背面扎一根细小的“定向棒”，点燃引火管上的火硝，竹筒中的火药剧烈燃烧，产生高温、高压气体，由尾部向后喷射，推动火箭（竹筒）射向敌方。

历史人物

唐福

唐福，生卒年不详，宋朝人。两宋时期，中国的经济实力和科技水准称冠于当时的世界。与元、明、清三代不同，宋朝官府不但不禁止民间研究军事技术，相反还予以鼓励和嘉奖，于是“吏民献器械法式者甚众”。据《宋史·兵志》等史书记载，自开宝三年至咸平五年（970-1002年），兵部令史冯继升、神卫水军队长唐福、冀州团练使石普等人，先后向朝廷进献火箭、火球、火蒺藜等燃烧性火器。

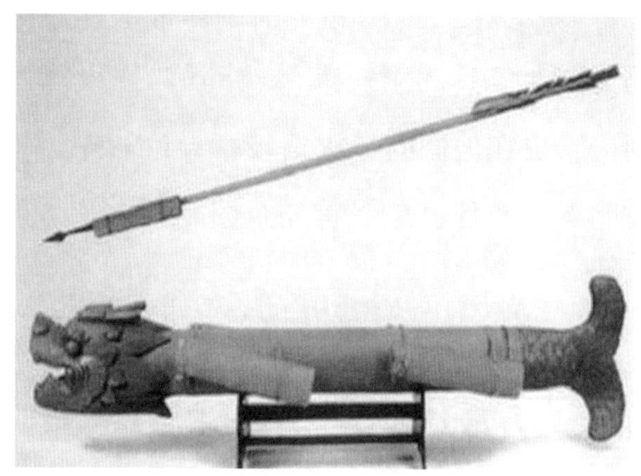

中国古代纵火箭

“万户飞天”雕塑

中国明朝士大夫万户，是世界上第一个利用火箭向太空搏击的英雄。他把47个自制的火箭绑在椅子上，自己坐在椅子上，双手举着大风筝，设想利用火箭推力飞上天空，然后利用风筝平稳着陆。不幸的是，火箭爆炸，万户为此献出了生命。万户的努力虽然失败了，但他借助火箭推力升空的设想是世界首创，因此他被世界公认为“真正的航天始祖”。为了纪念这位航天始祖，科学家将月球上的一座环形火山命名为“万户山”。美国火箭学家评价万户为“试图利用火箭作为交通工具的第一人”。苏联两位火箭学家费奥多西耶夫和西亚列夫，也在他们的《火箭技术导论》中说道，中国人不仅是火箭的发明者，而且也是“首先企图利用火箭将人载到空中去的幻想者”。

18世纪，欧洲各国相继改良火箭并用于军事，英国人康格雷（William Congreve，1772-1814年）通过改进黑火药的配方和制造方法等，提高了固体火箭的性能。他研制的火箭重量为10~20千克，射程可达2~3千米，但准确度较差。虽然这些火箭仅能够飞起来，且最终被精确度更高的火炮所代替，但他们却奠定了近代火箭发展的基础原理。

现代火箭理论起源于俄国科学家齐奥尔科夫斯基的研究和发现，他曾说过“地球是人类的摇篮，但是人类不会永远生活在摇篮里，他们将会不断争取新的生存空间与世界，起初是小心翼翼地飞出地球大气层，然后将探索整个太阳系”。齐奥尔科夫斯基的一生，就是对这段话最好的诠释，早在1883年，当大部分人仍幻想通过大炮和炮弹实现飞天梦想时，齐奥尔科夫斯基就提出反作用装置可以作为外太空的旅行工具。1903 年、1911 年和 1914 年，他先后三次发表了同一标题的文章《利用反作用装置研究宇宙空间》，并在 1929 年提出了多级火箭的设想。齐奥尔科夫斯基从理论上论证了太空探索的可能性，奠定了火箭和航天理论的基石。

历史人物

康斯坦丁·齐奥尔科夫斯基

齐奥尔科夫斯基

康斯坦丁·齐奥尔科夫斯基（Konstantin Eduardovitch Tsiolkovsky）是世界航天学、火箭理论的先驱和奠基人。他于 1857 年出生于俄国的伊热夫斯科耶镇，从小就喜爱凡尔纳的科幻小说。他一生撰写了 730 多篇论著，较为系统地建立了航天学的理论基础，其多项研究成果在航天史上属于第一，主要包括：首次提出液体火箭是实现星际航行的理想工具；首次较全面地研究了多种不同液体推进剂，并提出液氢液氧是最佳的火箭推进剂；首次计算出火箭在真空中运动的关系式，并推出火箭的逃逸速度；首次提出火箭质量比概念；首次画出了完整的宇宙飞船设计草图；首次提出液体火箭推进剂的泵输送方法以及发动机燃烧室的再冷却方法；首次提出利用陀螺仪实现飞行器的方向控制；首次研究失重对人和生物的影响，并开展了失重和超重对小动物影响的实验；首次提出利用植物改善舱内环境和提供航天员食物的设想；首次提出多级火箭的设计思路；首次研究了火箭在大气层飞行时的空气动力加热问题；首次提出空间站和太空生物圈设想；首次提出利用太阳光压作为宇宙飞船推进动力的设想；首次提出太空移民思想。齐奥尔科夫斯基构想的载人飞行等太空飞行目标，都率先在其故乡得以实现，他关于人类航天活动的大部分预言，也在今天变成了现实。

首先将发射液体火箭理论付诸实践的是美国科学家戈达德。1926 年 3 月，戈达德在马萨诸塞州一家农场发射了第一枚用液氧和汽油作为推进剂的火箭。虽然这枚长约 3.4 米、重约 4.6 千克的火箭仅在空中飞行了 2.5 秒，飞行距离 56 米，但它却是现代火箭的真正鼻祖。此后，戈达德还陆续发射了世界上第一枚载有仪器的火箭，以及世界上第一次超过声速的火箭。韦纳·冯·布劳恩[①]曾这样评价戈达德对火箭技术发展的贡献：“在火箭发展史上，戈达德博士是无可匹敌的，在液体火箭的设计、建造和发射上，他走在了每一个人的前面，而正是液体火箭铺平了探索太空的道路。当戈达德在完成他那些最伟大的工作时，我们这些火箭和太空事业的后来者，才刚开始蹒跚学步。”

---

① 韦纳·冯·布劳恩 1912 年出生于德国，第二次世界大战期间作为德国的火箭专家，对 V-1 和 V-2 火箭的诞生起到了关键作用。第二次世界大战结束后，投降于美国，1955 年获得美国国籍，主要从事火箭、导弹和航天研究，主导研制了“土星”5 号运载火箭、第一架航天飞机等，被誉为“现代航天之父”。

历史人物

罗伯特·哈金斯·戈达德

罗伯特·哈金斯·戈达德（Robert Hutchings Goddard）（1882-1945 年）是美国教授、工程师和发明家，他于 1920 年开始研究液体火箭，1926 年 3 月 16 日发射了世界上第一枚液体火箭，被公认为“现代火箭技术之父”。但戈达德的研究成果在他生前并没有得到足够的重视和支持，直到 1961 年苏联航天员加加林进入太空后，美国才发布了戈达德 30 年来关于液体火箭的全部研究报告，他被追授了第一枚刘易斯·希尔航天勋章，设立于 1959 年的美国航空航天局戈达德航天飞行中心以其名字命名，月球上的戈达德环形山也是以其名字命名的。

戈达德与他研制的液体火箭

从早期的黑火药到戈达德使用的液体推进剂，火箭推进剂技术的进步确保了飞天动力的获得。为了保证火箭按照预定弹道飞行，科学家研制出了火箭制导和控制系统。[①] 在齐奥尔科夫斯基提出的火箭理论中，陀螺仪是实现火箭飞行方向控制的重要仪器，这是一个非常敏感的姿态控制仪器，要在风力、火箭质量、重心时时变化的前提下，通过控制喷射的偏斜来校正飞行方向，可以想象，这是如何精密而又复杂的系统。这一关键技术难题，困扰了科学家很长时间，所以，最早的现代火箭甚至连微风都承受不住。直到 1943 年，在电子模拟计算机等先进技术的帮助下，德国人才研制出了陀螺平台式惯性导航装置，并在此基础上成功地发射了最大射程可达 320 千米的复仇者（Vergeltungswaffen）2 号（简称 V-2）火箭。[②] 尽管 V-2 火箭的准确率和命中率十分之低，温斯顿·伦纳德·斯宾塞·丘吉尔[③]评价其“平均误差超过 16 千米”，在第二次世界大战中并没有发挥很大的作用。即便如此，V-2 火箭仍是第一个现代意义上的、具备可操作性的火箭，标志着航天先驱者的理论已成功地变为现实，是现代火箭技术发展史上的重要里程碑。

航天先驱们的梦想在 20 世纪 50 年代真正变成了现实。1957 年，苏联利用第一枚运载火箭 R-7 成功发射了人类历史上第一颗人造地球卫星，拉开了航天大发展时代的序幕。在此之后，苏联/俄罗斯、美国、欧洲、日本、中国、印度等国家和地区，先后发射了几十个系列的一次性运载火箭，将各类航天器送往浩瀚星空。美国、苏联/俄

---

① 火箭制导和控制系统是现代火箭技术的核心，在整个现代火箭研制工作中约占据 80%的工作量。

② V-2 火箭以乙醇（酒精）与液氧作为推进剂，最大飞行高度 96 千米，最大射程 320 千米，最大飞行速度 1600 米/秒。

③ 温斯顿·伦纳德·斯宾塞·丘吉尔（1874-1965 年），英国政治家、历史学家、画家、演说家、作家、记者。

复仇者 2 号（V-2）火箭

罗斯甚至形成了满足不同用途、由诸多型号构成的大型、中型、小型运载火箭系列。

进入 21 世纪以来，得益于数字化技术、制造技术等快速发展，火箭研制工作突飞猛进，搅拌摩擦焊（Friction Stir Welding，FSW）技术[①]、轻质铝合金材料[②]等应用于火箭制造，有效减轻了火箭的结构质量，从而满足提高火箭运载能力的目标。为了适应太空探索活动的需要，运载火箭越来越向大推力、大体积、低成本和环保特性发展。世界现役主流火箭，如美国的德尔它 4 号、宇宙神 5 号运

① 1991 年，英国焊接研究所（The Weilding Institute）发明了搅拌摩擦焊（Friction Stir Welding FSW）专利焊接技术，这一技术除了具备传统摩擦焊技术的优点外，还可进行多种接头形式以及不同焊接位置的连接。1998 年，波音公司引进该技术用于焊接部分火箭部件。麦道公司在制造德尔它运载火箭推进剂贮箱时也使用了该项技术。

② 铝合金材料既有高强度，又保持纯铝密度小、熔点低等优良特性，在 20 世纪初开始工业应用，主要应用于航空、建筑、包装、交通运输和机械制造等行业，其用量和范围仅次于钢铁，成为第二大金属材料。

载火箭，欧空局的阿里安 5 号运载火箭，俄罗斯的安加拉号系列火箭和日本的 H2B 号运载火箭，均具有大运载能力、大直径、高可靠性、无污染、低成本、适应性强和易操作等特点。中国研制的长征 5 号运载火箭，可安装两种火箭发动机，能够满足 20 吨级空间站、大型空间望远镜、返回式月球探测器、深空探测器和超重型应用卫星等的发射需要。

美国德尔它4重型运载火箭

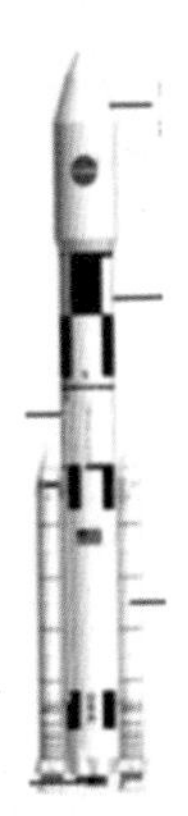
美国宇宙神运载火箭

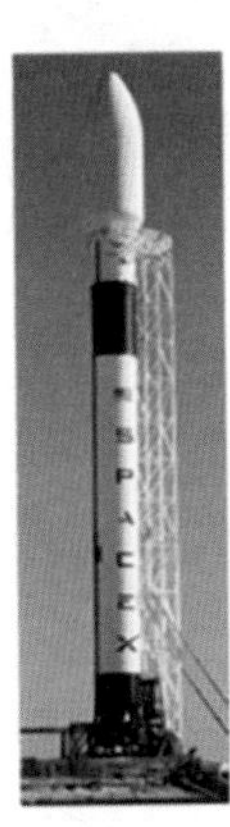

美国猎鹰9运载火箭

俄罗斯安加拉运载火箭

欧洲阿里安5运载火箭

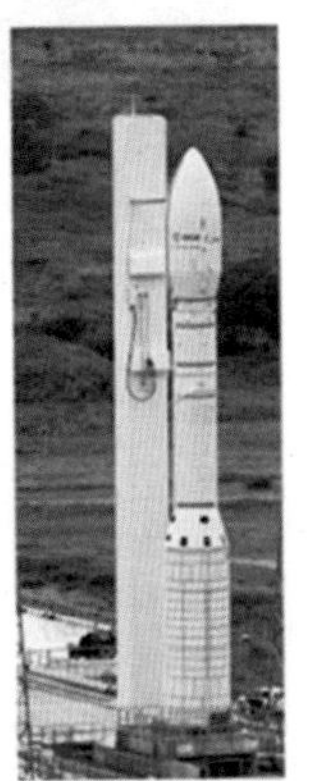
欧洲织女星运载火箭

日本H2B运载火箭

世界现役主流火箭

2. 化学能源、太阳能再到核能源使空间飞行器飞得更高远

能源是人类进军太空的力量源泉，持续可靠的能源对太空活动至关重要。人造地球卫星、空间探测器、航天飞机、宇宙飞船、空间站等空间飞行器需要脱离地球引力场的范围进入外层空间，并且长时间地在太空轨道运行，飞行器上的仪器设备、活动部件和火工装置需要供电后才能工作，所以电源系统对空间飞行器的性能、使用寿命、完成复杂任务的能力等方面，具有重要的影响。近年来，

卫星等空间飞行器所使用的电源系统不断完善和改进，功率从早期的数十瓦增加至数千瓦甚至上万瓦，已形成化学能源、太阳能电池电源和核电源三大主要能源。

早期的卫星多采用一次性的化学电池，如锌汞电池、锌银电池等，但受质量和体积的限制而无法携带很多，且不是再生能源，所以影响了卫星的性能和工作寿命。例如，世界上第一颗人造地球卫星“Sputnik 1”上天时，就仅搭载了一个化学电池。中国第一颗人造地球卫星“东方红 1 号”，也是采用化学能源——锌银电池作为电源，运行 20 天后电池耗尽，结束了播放“东方红”乐曲的工作。

东方红 1 号卫星

随着太阳能应用技术的研发和成熟，科学家们发现在卫星轨道环境下，使用太阳能作为空间飞行器在轨运行的能量供给是最合适的选择。太阳能主要依靠电池板（帆板）进行转化，电池板（帆板）的面积主要取决于卫星所需功率的大小，而不再受卫星使用寿命的限制。太阳能电池电源具有能量来源稳定且可持续、装载方式灵活等优点，迅速取代了化学能源，成为各国研制空间飞行器的优先选择。

1953 年，美国贝尔实验室成功研制出硅太阳电池，1958 年，美国发射的第二颗卫星“先锋 1 号”①，成为人类历史上第一颗使用太阳能电池的卫星。同年，中国开始研制太阳能电池，并于 1971 年成功发射第一颗科学探测和技术试验卫星“实践 1 号”，其主要任务是试验卫星上的太阳能电池供电系统。目前，长寿命卫星普遍采用太阳能作为能源，利用太阳能电池帆板上附着的电池片，通过半导体材料的光电效应将太阳能转化为电能，可支持卫星持续工作几年甚至几十年。然而，太阳能电池不可避免地会受到阳光照射的限制，卫星的轨道和姿态设计，必须保证能够接受到阳光照射的时间最长、面积最大、入射角接近 90°，一旦卫星运行到地球阴影区，太阳能电池就无法供电。因此，太阳能电池通常并不单独使用，而是与蓄电池组成太阳能电池-蓄电池的组合电源系统，以解决阴影区供电问题。

人类太空探索活动并不仅仅满足于近地轨道，飞出太阳系、实现星际航行，一直是人类孜孜追求的目标。而随着太空活动区域与

---

① “先锋 1 号”于 1958 年 3 月 17 日发射成功。

太阳的距离逐渐增加，太阳能电池将不能够提供充足的能源，满足长距离星际航行的需要，能量密度更高、持续时间更长的核动力，成为太空活动能源的新选择。

航天器配备的核电源主要分为核电池和核反应堆电池两种类型。核电池主要是指放射性同位素电池，具有体积小、能量大、功率小、寿命长等优点。1961 年，美国在发射近地轨道导航卫星“子午仪-4A”时，首次使用了放射性同位素电池，这个仅重 2 千克的“小家伙”所提供的电力，能够取代一块重 3000 千克镍-铜电池的“大家伙”，使“子午仪-4A”卫星在轨运行时间，远远超过其设计寿命。截至 2006 年，美国已经在 26 个航天器上使用了 44 块核电池，在先驱者号、旅行者号、伽利略号等探测器进行的太阳系、木星探索活动中，发挥了重要的作用，其可靠性得到了实践的充分检验。2012 年，美国“旅行者 1 号”探测器在经历了 17 年的漫长旅行后，飞出了太阳系，成为人类历史上飞得最远的人造物体，支撑“旅行者 1 号”漫长旅行的就是一块长效 RTG[①] 核电池，这块电池所用的核燃料钚 238 半衰期为 87. 7 年，预计到 2025 年才会停止运转。

中国第一块核电池诞生于 1971 年，中国原子能科学研究院在 2004 年启动了太空同位素电池的研发，并于 2006 年研制成功我国第一个钚 238 同位素电池。2013 年，中国成功发射了首辆月球车

① RTG 是放射性同位素热电发生器（Radioisotope Thermoelectric Generator）的简称，这一发生器本质上是一块核电池，由一个装有钚 238 二氧化物的热源和一组固体热电偶组成，可以将钚 238 衰变产生的热能转化为电能。

“玉兔号”，在上面除了安装太阳能电池外，对其上一些特别“娇嫩”的设备，还专门准备了“暖宝”——核热源，以帮助“玉兔号”在“冬眠”期间进行保温，其上的核能热源可以持续工作30年。

核反应堆电池易于实现大功率供电，其能量密度大、质量比功率优于太阳能电池阵-蓄电池组联合电源系统，还具有重量轻、功率调节范围大、不依赖太阳能等特点，是深空探测不可替代的空间电源。美国在1965年发射的一颗军用卫星中，成功在轨运行了世界上第一个空间核反应堆电源；俄罗斯至2014年共发射了37颗带有核反应堆电源的卫星。

可以预见，核电池仍将是未来一段时期人类太空探索的重要能源，随着科学技术的不断发展和进步，核电池将向更高效、更安全的方向发展，成为我们向太阳系外和宇宙空间拓展的重要支撑。

3. 环境控制与生命保障技术助力建造太空生存环境

科技不仅把卫星、飞船、探测器等送上了太空，而且也将航天员送上了太空，同时保护着在太空环境中工作和生活的航天员。载人航天器中的环境控制与生命保障系统（简称环控生保系统），就是这样一种为保护航天员安全和健康的高科技产物。[①] 它可以为航天员提供适宜的舱内环境，包括合适的气压与温度，生存所必需的水、空气和食物等，同时还可以收集和处理人体代谢产生的废物，屏蔽来自太空环境的有害辐射，解决人类在严酷太空环境

① 范嵬娜：《“国际空间站”各系统设计》，《载人航天》2012年第3期。

中的生存问题，为航天员的太空探索作业，提供强有力的支持和保障。

航天员身着的航天服，就是一种小型的环控生保系统，它有两种类型：舱内航天服和舱外航天服。舱内航天服主要在飞船处于容易出事故的飞行时段使用，如当飞船座舱发生泄漏，压力突然降低时，它会接通舱内与之配套的供气系统，航天服内就会立即充压供气，并提供一定程度的保障和通信功能，启动救生系统，可在6小时内保证航天员的生命安全。舱外航天服的结构比舱内航天服复杂，其功能和作用更像是一个微型载人航天器，它能够将航天员的身体与太空的恶劣环境隔离开来，防止宇宙辐射的危害，并为航天员提供氧气、气压、温度等必

身着航天服的航天员在太空作业

要的生存条件，并排出二氧化碳。此外，舱外航天服配有通信系统和气动系统，航天员们可以在太空环境中保持联络，靠喷气推动作用自主移动，更好地完成舱外设备维护和调试等工作。1961 年，苏联航天员加加林乘坐“东方 1 号”飞船进入太空，舱内航天服首次应用于人类的航天活动。[①] 1965 年，苏联航天员列昂诺夫在舱外航天服的保护下，首次进行太空行走。此后，载人飞船、航天飞机和空间站上的环控生保系统，日趋复杂和可靠。得益于强大的环控生保系统，航天员们在太空中可以心无旁骛地致力于科研事业。

历史人物

加加林与列昂诺夫

加加林

尤里·阿列克谢耶维奇·加加林（1934-1968 年），生于苏联斯摩棱斯克州，是第一个进入太空的地球人。1961 年 4 月 12 日，苏联发射世界第一艘载人飞船“东方 1 号”。他乘坐“东方 1 号”，历经 108 分钟，绕地球运行一圈后，在萨拉托夫附近安全返回，成为世界上第一位遨游太空的航天员。

① 于喜海：《载人航天器及其环境控制与生命保障系统》，《科技术语研究》2003 年第 5 期。

列昂诺夫

列昂诺夫，苏联航天员。1934年5月30日出生于克麦罗沃州。1965年3月18日，他乘坐“上升2号”飞船进入太空，在舱外活动24分钟，系安全带离开飞船达5米，完成了目视观测、拆卸工作及其他实验，成为世界上第一位在太空行走的人。这次飞行历时26小时2分钟。1975年7月15日，他担任“联盟19号”飞船指令长，再次进入太空，同美国“阿波罗号”飞船的3名航天员进行了6天的联合飞行。

早期的环控生保系统是一种非再生式系统，也称开式系统或补给式系统，是载人航天初期最常用的环控生保系统。[①] 这种环控生保系统将航天员们的代谢废物和生活垃圾，直接抛出舱外或封存起来带回地球，不再做回收利用。诸如食物、氧气等消耗性物质，全部靠航天器自身携带，或是通过天地往返运输系统为其周期性输送和补给。这种环控生保系统的结构较为简单，仅适用于短期的载人航天使用。载人飞船、航天飞机和早期的空间站由于飞行的时间较短，都是采用这种类型的环控生保系统。而当航天器需要长时间飞行时，这种非再生式系统的弊端就显现出来，由于其需要超大的后勤补给量，给航天器增加了沉重的负担。

经过科学家们的不懈努力，研制出第二代环控生保系统。第二

① 黄志德、沈学夫：《空间站环境控制和生命保障技术》，《中国航天》2000年第2期。

代环控生保系统被称为半再生式系统，其结构比非再生式系统复杂得多，功能有了显著提升。航天员自身产生的代谢废物和生活工作产生的废水，能够被部分或全部回收，经过水、氧气和二氧化碳吸收剂的闭环化学处理，制成新鲜的氧气和纯净水供航天员们使用。环控生保系统功能的改进，大大降低了补给成本，延长了补给周期，仅需给航天器补给一些食物和舱体泄漏损失的气体，就能使航天员在太空工作的时间最长达一年左右。目前国际空间站上装备的就是第二代环控生保系统，它已能满足多乘员、长时间、重复使用的航天任务要求。

科学探索永无止境，创新脚步永不停滞。科学家们没有满足于第二代环控生保系统，仍在继续研制第三代环控生保系统。虽然其关键技术尚未取得突破，但诸多合理的设计，让人类看到了无限可能。第三代环控生保系统也称再生式系统或闭式系统，该系统类似于一个适应人和动、植物共生存的小型生态系统。在太阳光或人造光源的照射下，植物通过光合作用，把二氧化碳和其他无机物合成为复杂的有机物，植物本身可以当作食物供航天员们食用，人体的代谢废物可以作为无机养分提供给植物利用。这样一来，环控生保系统内部的水、氧、碳构成全闭环回路，通过生物和非生物的能量交换，不断为航天员们提供新的氧气、水和食物。如果第三代环控生保系统能够实现，那么载有它的航天器在发射后就不再需要地面保障系统的支持，一切消耗性物质均能完全再生，在这种动态平衡的生态环境中，生命可以长期维持，航天员们可以在航天器中进行长期的工作和生活，这为星际探测提供了低成本的可能。可以说，美国曾进行多次的生物圈实验，就是第三代环控生保系统的雏形，人类一直憧憬着它成功的那一天。

科学使得人类自远古以来就有的飞天梦想变成了现实，人类定会用聪明的智慧和辛勤的努力克服重重困难，打造出完美的太空生存环境，将星际穿越从梦幻变为现实。随着科技的不断发展和进步，也许目前难以破解的技术难题会很快迎刃而解，最终会帮助人类飞得更高、走得更远，实现对太空资源更加广泛的探索和利用。

三、 太空活动推动了人类社会的发展

自 1957 年第一颗人造卫星成功发射，开启了太空探索的旅程以来，在随后的 50 余年里，苏联航天员加加林首先实现了人类进入太空的梦想，列昂诺夫首次在太空行走，第一个空间站建立，美国“阿波罗”六次登月，“旅行者 1 号”飞出太阳系进入星际空间，中国神舟 5 号飞船和天宫 1 号载人飞行任务、嫦娥 3 号登陆月球取得了成功……人类借助空间技术的发展一次又一次地实现着几千年来的飞天之梦，并大大推动了太空资源的开发利用。随着空间技术的发展，太空开发利用在促进科技进步、推动产业发展与转型升级、方便人们生活、创造经济社会效益等方面的影响，不断得到提高。

1. 太空开发应用已惠及人类社会的方方面面

迄今，人类开发利用太空资源最有成效的成果——以航天器为主体的空间系统与配套的地面系统，可以快速、大范围地获取地球动态观测信息与定位信息，具有反应速度快、覆盖范围广、不受地面条件限制等特点，改变了人类原有观测地球和认识地球的方式，使得利用计算机及网络通信技术、卫星遥感技术、全球定位系统、地理信息系统、虚拟现实技术、数据存储、数据库等技术，实现“数字地球”和“智慧地球”，以促进社会进步和经济发展的设想，不再遥远。

相关链接

“数字地球”是美国副总统戈尔于 1998 年 1 月 31 日在加利福尼亚科学中心所做的“数字地球——认识 21 世纪我们这颗星球”的演讲中首次提出的。他讲的“数字地球”，是指充分利用有关地球的所有信息，以促进社会进步和经济发展。

IBM 于 2008 年 11 月提出了“智慧地球”的概念，它是把感应器嵌入和装备到电网、铁路、桥梁、隧道、公路、建筑、供水系统、大坝、油气管道等物体中，并且普遍连接，形成所谓“物联网”，然后将“物联网”与现有的互联网整合起来，实现人类社会与物理系统的整合。

空间系统与配套的地面系统如同铁路、公路等基础设施一样，为国民经济与社会发展提供了所需的高技术支撑，并带来新的技术革命。卫星通信系统作为地面通信网络的延伸、补充和备份，已被欧美等国纳入国家通信基础设施体系；卫星导航与互联网、移动通信，成为21世纪信息技术领域的三大支柱产业，催生出众多下游产业。卫星遥感产业在各国商业遥感政策的引导和扶持下，相关产品与服务已经广泛应用到人们的日常生活之中。卫星技术与现代测绘和地理信息系统结合，成就了地理信息、位置服务等交叉性、融合性的新型产业。航天技术及其衍生产品的推广运用，为医疗保健、运输、公共安全、能源、环境以及工业产品、生活消费品带来利益，创造出新的工作岗位和商业机会。

太空开发应用正在改变着我们的衣、食、住、行，全方位地影响着我们的工作与生活，使我们的生活更加丰富多彩、高效便捷。卫星通信可以逾越地理障碍，进行远距离、大范围、不依赖地面条件的信息传输，提供方便快捷、无处不在的全球通信，并且让在大海、荒漠、雪灾、地震等特殊条件下的应急通信、救援得以实现。卫星导航能够提供地球坐标系的时空基准，能够为地面、海洋、大气层以及太空中的用户提供高精度的时间、位置信息，实现大范围、高精度的定位、指挥调度。卫星遥感能够全天候、全天时、大范围、高频率地获取地表信息，广泛应用于气象预报、国土普查、测绘、规划、农业、海洋观测、防灾减灾等众多领域。在社会公益服务和大众生活服务等各个领域，均离不开通信、导航和遥感卫星的身影。“出门看天气、开车看导航”，拨打手机、收听广播、观看电视节目、突发事件搜救与海啸等自然灾害救援，以及太空蔬菜、纸尿裤、记忆海绵、喷发定型摩丝等，这些在我们身边的事与物，都是从太空的开发和空间应用技术中产生的。如果没有与之相关的空间技术应用，人们就很难准确地把握地球上风、云、雨、雪等的变化，无法全面获知植被、地质、水文等资源的情况，不能即时获得路况信息，难以观看到国际比赛、世界新闻，更别说实现全球通信了。

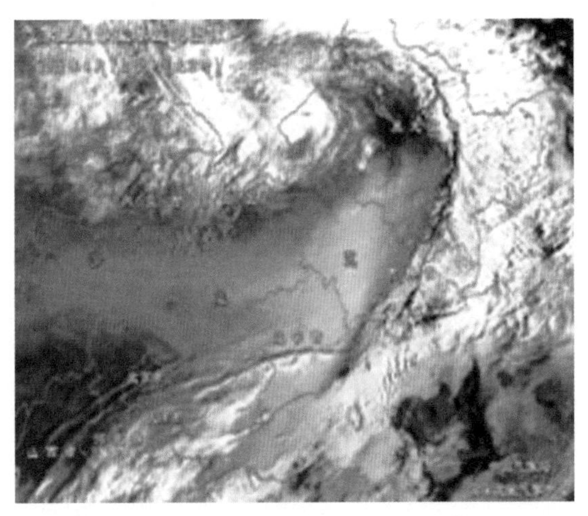

“出门看天气”

“开车看导航”

2. 太空开发利用催生了太空经济时代的到来

随着太空开发应用的发展，太空活动涉及的范畴从科研、工业领域，延伸到商业、服务领域；太空活动的目的也从最初服务国防和科技，转向造福于人类，更加注重推动空间技术在经济社会发展中的应用。空间技术与科技进步、经济发展、人民福祉的联系越来越紧密，开启了一个新的时代，即太空经济①时代。

2007 年，在纪念美国国家航空航天局（简称 NASA）成立 50 周年的一系列演讲中，时任局长的迈克尔·格里芬指出，初现端倪的太空经济正在改变着地球上的生活方式，这种方式尚未被我们完全理解并加以重视。太空经济虽然不是位于太空中的经济，但是太空活动创造的产品和市场、提供的各种便利却在地球上，这些都来自于人类探索、理解、应用太空这种新的疆域的各种努力。②

太空经济包括所有在探索、开发、理解和利用外层空间过程中为人类创造和提供价值与收益的全部活动及对资源利用的总和。③美国航天基金会在每年发布的《航天报告》中，将来自政府航天预

---

① 2006 年，美国航天基金会（Space Foundation）在其发布的《航天报告：全球航天活动指南》中指出，太空经济是泛指人类在探索、开发和利用外层空间过程中所产生的所有产品和服务的总和。2007 年，在纪念美国国家航空航天局（NASA）成立 50 周年的一系列演讲中，NASA 正式提出了“太空经济”的概念。NASA 战略沟通办公室对太空经济给出了一个相对宽泛的定义，即太空经济包括所有在探索、理解和利用太空的过程中为人类创造和提供价值与收益的全部活动及对资源的利用。

② 迈克尔·格里芬于 2007 年 9 月 17 日纪念美国国家航空航天局成立 50 周年系列演讲之一：太空经济。

③ 参考 NASA 战略沟通办公室（2007）、OECD（2011）关于太空经济的阐述。

算、商业航天收入等数据汇总，用以描述“太空经济”的规模。《2014年航天报告》数据显示，2013年全球太空经济总量达到创纪录的3141.7亿美元，较2012年同比增长4.0%，较2006年的2188.3亿美元，增长43.6%。

相关知识

美国航天基金会发布的《航天报告》对太空经济规模的统计，主要来自三类与太空经济相关的政府与商业活动收入，具体包括：

（1）政府航天预算：包括美国、欧洲、俄罗斯、中国、英国等国家和地区的政府航天预算；

（2）商业航天产品与服务领域：卫星广播、卫星通信、卫星对地观测和成像服务、地理定位和导航设备与服务；

（3）商业航天基础设施与支持保障领域：卫星制造、运载火箭制造和发射卫星地面站及设备，亚轨道及轨道商业载人航天，以及航天保险、独立研发等服务。

从近年的发展来看，太空经济已经形成了一个规模庞大的产业链条，从上游的运载器、航天器制造，到下游的卫星应用和空间科学，对科技进步和经济发展起到了巨大的推动作用。美国Chase计量经济学会曾根据生产函数理论，研究1961~1975年NASA研发投入在1976~1985年期间对美国国民生产总值的投入产出比是

1∶14。[①]据相关研究估算，美国（NASA）、欧洲、加拿大的航天产业乘数效应分别为14、3.2和3.5。[②] 英国航天局报告指出，2011/2012年，英国太空工业的增值乘数为1.99，就业乘数为3.50；英国太空相关产业实际拉动国内生产总值增长了82亿英镑，共计创造了10.12万个就业岗位。[③] 美国联邦航空局数据显示，2009年商业航天运输及使能产业对美国经济的影响系数是5.0，其直接影响为348.45亿美元、间接影响为973.31亿美元、衍生影响为761.53亿美元，带动了102.94万人的就业。[④]

伴随太空资源开发利用所产生的技术成果，不仅发展了空间遥感与探测技术、空间通信技术、空间导航技术、空间推进技术、空间控制技术、运载技术、测控技术、空间电子和计算机技术等相关学科和技术领域，确保了太空探索活动的成功，还通过技术转化和应用，推动全人类科学技术水平的提高和社会发展的进步。空间技术具有多学科交叉、系统集成度高、可靠性安全性要求高的特点，涉及材料、电子、信息、化工、制造等诸多领域。太空活动的科学探索、技术研发、型号研制过程中产生的大量创新成果、独特设计和管理方法等财富，通过直接应用和转化应用等方式，广泛作用于国民经济其他领域的创新过程中，拉动了电子信息、机械、材料、能源、生物甚至医学的发展和进步。据统计，

① Michael K. Evans. "The Economic Impact of NASA R&D Spending", Chase Econometric Associates, Inc., Bala Cynwyd, Pennsylvania, Contract NASW-2741, 1976.

② Peeters. Space Technology Transfer and Export Control. ISU SSP 2013 NOTES.

③ The Size and Health of the UK Space Industry, UK Space Agency, October 2012.

④ 雷帅：《美国商业航天运输及使能产业的经济影响分析和展望》，《中国航天》2011年第3期。

NASA 共有 35000 项技术实现转化应用，其中 259 项技术转化案例共产生了 216 亿美元的收益。[①] 根据 NASA 的《军转民技术》报告，2012 年通过航天技术的转移应用，产生了 50 亿美元的收入，降低了 62 亿美元的成本，至少挽救了 44.4 万人的生命，创造了 14000 个工作机会。

在中国，太空探索活动同样对科技进步起到了重要的牵引作用。自 20 世纪 50 年代起，通过技术溢出效应，太空科技的发展牵引了半导体、仪器仪表、通信、微电子、计算机、新能源、新材料等产业技术的发展和进步，不断推动传统产业的转型升级以及新兴产业的快速发展，产生了显著的经济和社会效益。近年来开发利用的 1100 多种新材料中，有 80%左右是在航天技术的牵引下研制完成的，有近 2000 项航天技术成果转移到了国民经济各部门。[②]

四、开发利用太空成为世界强国的战略重点

随着空间技术的发展和太空开发应用在维护国家安全、推动科技进步和经济社会发展等方面的地位和影响不断得到提高，继陆、海、空之后，太空以其得天独厚的地理位置及其在政治、经济、科技、军事、外交等方面具有的极其重要的价值，已成为主要航天国

① Peeters. Space Technology Transfer and Export Control. ISU SSP 2013 NOTES. / NASA. Spin Off（yearly publication，book and CD）.

② 王崑声：《太空经济的新动力》，《中国航天》2013 年 1 月特刊。

家未来发展的战略重点之一。

1. 太空活动成为各国战略关注的重点

世界各主要航天国家为提高国家的政治、军事地位，增强科技实力、经济实力和综合国力，都制定了本国航天的长远发展规划，加大了对太空活动及其相关技术、产业的投资，大力发展能够兼顾国家安全与国际竞争力的空间技术，推动太空资源的开发利用。

美国自1958年以来，共发布了1个航天法案和7个版本的《国家航天政策》。2010年，奥巴马政府发布《国家航天政策》，提出继续保持美国在太空的领导地位，保护国家安全和国家利益，明确从导航、通信、遥感三个方面，建立连续稳定的空间基础设施。2011年2月，美国发布《美国创新战略》，将空间技术列为美国优先发展的五大领域之一。2012年10月，美国国防部出台新版《国防部太空政策》，对过去制定的国防部太空政策及赋予国防部的太空相关活动职责进行了调整更新，以适应新的军事航天力量的建设需求。2014年年初，NASA部署了新的战略规划，其主要战略目标有三个方面：一是拓展空间领域的知识、能力与机遇的前沿；二是提高对地球生活的理解，改善人类生活质量；三是通过有效管理人力、技术资源与基础设施来完成任务使命。

俄罗斯1993年颁布的《俄联邦航天活动法》，成为开展航天活动的基本法，先后制定了《俄联邦1999~2005年航天规划》和《俄联邦2006~2015年航天规划》，并于2012年发布《2030年前及未来俄罗斯航天发展战略（草案）》这一俄罗斯民用航天中长期发展的宏观指导性文件，以确保实现“俄罗斯航天技术处于世界先进水平，巩固俄罗斯在航天领域的领先地位”的战略目标，明确了未来俄罗斯航天活动的三大优先方向，并将开发月球、载人飞往火星作为主要任务。2013 年 4 月，俄罗斯总统批准了《2030 年前及未来俄联邦航天活动领域国家政策原则的基本规章》，主要规定了俄联邦在研究、开发和利用宇宙空间以及国际合作领域的国家利益，国家政策的原则、主要目标、优先方向和任务，旨在进一步增强俄罗斯在航天活动领域的竞争力和优势。目前，俄罗斯正在制定其 2016~2025 年的航天活动项目规划。

欧盟为了在未来多极世界格局中扮演重要角色，实施统一的航天发展战略计划，积极统筹建设独立自主、多国共享的空间基础设施，构建一体化的欧洲航天。2003 年 1 月，欧盟委员会和欧空局联合发布了《欧洲航天政策绿皮书》，同年 11 月，欧盟委员会发布了第一份欧洲航天政策白皮书《空间：欧盟扩充过程中的新疆域》，为制定欧洲航天政策打下了坚实基础。2007 年 5 月，29 个欧洲国家通过并发布了《欧洲航天政策》，确立了欧盟、欧空局及其成员国之间航天活动的协调机制。2011 年，作为构建以《里斯本条约》为基础的欧洲一体化航天战略的第一步，欧盟委员会提交了《关于制定新的欧洲航天战略的信息通告》，报告指出欧洲航天战略的目的旨在增强欧洲空间基础设施建设；通过加强对航天技术研究的支持，提高欧洲技术上的独立性，增进航天领域和其他工业领域之间的相互促进；并通过推进技术创新来提高欧洲的竞争能力。2012 年 3 月，法国发布航天战略文献，提出了指导法国航天政策和未来发展方向的主要原则。2012 年 7 月，英国航天局公布了《民用航天战略 2012~2016》，为未来 4 年英国航天领域的发展指明了方向，为实现到 2030 年占领全球航天市场 10% 的份额这一目标，确立了将采取的途径；2014 年 4 月，英国航天局、国防部、外交与联邦事务部等部门联合发布首份《国家空间安全政策》，该政策贯彻落实英国《国家安全战略》要求，提出了四大政策目标。

亚、非地区的国家在载人航天、深空探测领域也相继出台了一些规划与实施计划。中国政府在《2011 年中国的航天》白皮书中，公布了未来五年的主要任务。印度正在开展其载人航天计划与火星探测行动。日本在 2008 年和 2009 年分别发布了《宇宙基本法》和《宇宙基本计划》；日本防卫省于 2014 年 8 月出台修订版《关于空间开发利用的基本方针》，日本内阁空间政策战略司令部于当年 10 月提交“未来 10 年空间政策基本计划”草案，明确空间力量围绕保障“综合机动防卫力量”建设展开；2015 年年初，日本政府确定了新的《宇宙基本计划》作为当前至 2024 年日本宇宙政策的指导方针。

世界主要国家都高度重视空间技术的研制与应用，一直保持着对太空活动及其相关技术的极大关注与投入，即使在全球性金融危机影响持续发酵、财政紧缩政策大行其道的情况下，各国仍然持续加大对航天领域的预算投入，2012 年全球政府航天预算约为 784.4 亿美元，同比增长 1.3%，其中美国、欧洲、俄罗斯、印度等世界主要航天大国和地区的增长分别为 1.4%、0.65%、30.43% 和

51.37%。[①] 美国2012年政府航天预算为479.11亿美元，占全球政府航天预算总量的61%。俄罗斯政府在国内经济发展受到全球经济危机困扰的情形下，仍然继续保持对航天工业的充足投入，其2012年计划的航天预算为1500亿卢布；俄罗斯联邦航天预算经费上涨幅度最大的项目是“2006~2015年联邦航天计划”，达到670亿卢布，占其预算总额的67%。依据欧盟现行的2007~2013年的财政计划，欧盟每年在太空活动上的投资为7亿欧元。国家政府的大规模持续投入是太空探索活动得以开展、太空项目得以实施的重要支撑。

2. 太空对国家安全至关重要

太空活动从一开始便与军事结下了不解之缘，时刻影响着世界和平。“谁能有效控制太空，谁就能有效控制地球”。美国著名战略家布热津斯基在《运筹帷幄》一书中写道：“争夺太空的首要目的不是为了直接掠夺资源，而是为了获取有决定意义的战略筹码，并把太空军事力量的行动优势转化为空中、海洋和陆地的优势。”[②]

冷战时期，苏联抢先于美国发射了世界上第一颗人造地球卫星。美国为了获取苏联的军事信息，发射了一系列的军事侦察卫星。随着航天技术的发展，众多的军用航天器被送入了太空，截至2015年2月，美国USC卫星数据库统计显示，全球纯军用卫星259颗，加上军民共用、军商共用、军民商共用的卫星数量，占在轨卫

---

① 美国航天基金会（Space Foundation）2013年度航天报告（The Space Report）。

② 左师军、张唯：《X-37B升空：美谋求太空霸主再提速》，《环球军事》2013年第1期（上）。

星（1265 颗）的比例接近 30%。目前，太空已成为侦察、预警、通信、导航、指挥、控制等支援空中作战的重要“基地”，使现代战争向陆、海、空、天“四维一体”的趋势发展。借助太空相对地球表面的高远位置，军用卫星可在外层空间部署和工作，有利于军事情报及时获取、信息实时传播、武器高效运作、战果精确判定，从而在战争中抢占先机，获得主动权，实现精确打击。

战略空间向太空的拓展，影响和改变着各国的战略思想，各国纷纷把控制和利用太空，作为自己政治和军事战略的重要组成部分。为了提高国际地位，世界各国加快了向太空进军的步伐，努力争取本国在太空的一席之地，如今参与太空开发的国家已达 60 多个。各军事强国竞相发展空间技术，其目的就是为了占领太空这一军事制高点，实现与别国的军事制衡，增强国家安全、威慑力和综合实力。

孙子曰：“善守者，藏于九地之下；善攻者，动于九天之上，故能自保而全胜也。”天空和海洋是 20 世纪的战场，而 21 世纪的战场在太空。对于未来战争，制天权将构成战争主动权的重要部分。卫星进行侦察、监视、通信、导航、预警等将是作战保障方式，并且从太空直接攻击地球表面目标或拦截弹道导弹，也将成为重要的作战手段。一些航天大国相继建立“天军”，一大批“天兵天将”活跃于太空。美国早在 1985 年 9 月就成立了航天司令部；2001 年 6 月，俄罗斯航天部队司令部正式成立。以卫星为核心的空天地（海）一体化已经成为“天军”的重要支柱。[①] 在激烈进行的制天权的争夺战中，一些中、小航天国家为了扼制航天大国控制太空、利用太空的能力，甚至在加紧发展太空武器。从某种意义上说，太空开发不仅是对人类的智慧和科学技术的挑战，也是对未来世界和平的考验。

由此可见，太空将是未来战争夺取胜负的关键战场之一。因此，谁能夺取制太空权，谁就能赢得太空，就能为维护国家安全争夺有利的地位，就能赢得未来的战争。

---

① 一体化信息系统（C^4ISR）和卫星系统是“天军”的重要支柱。在一体化信息系统中，卫星覆盖全域，功能包括战场信息侦察、导弹预警、指挥通信、支持精确作战、全面增强军用平台的战场环境感知能力等。卫星系统与预警指挥机、有人与无人侦察机以及地面指挥中心等战区指挥系统将实现联网，形成以卫星为核心的空天地（海）一体化的 C^4ISR 系统。卫星越来越成为整个武器系统的信息核心与制高点，正发挥着不可替代的军事力量倍增作用。

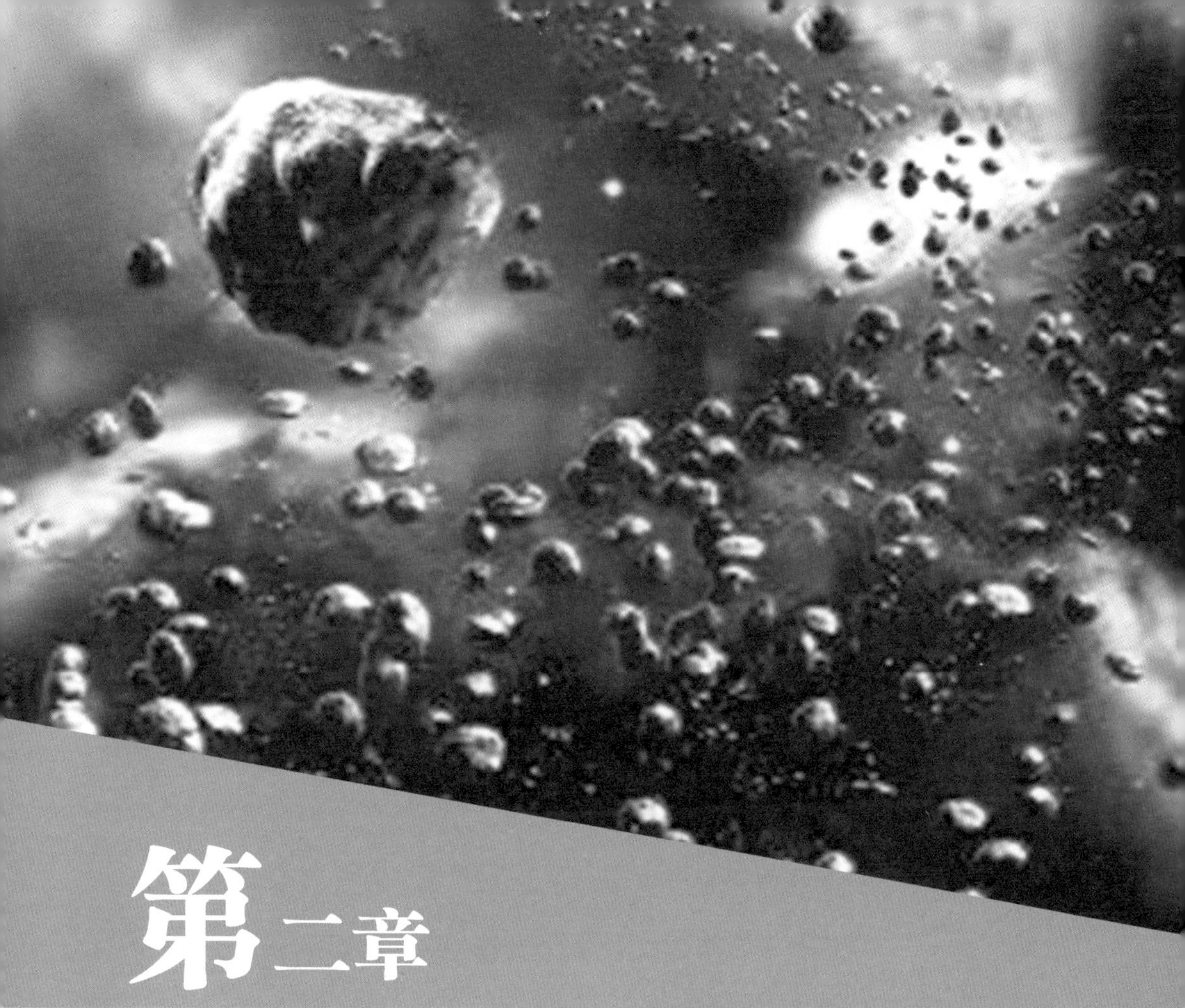

第二章

丰富的空间物质和能源资源

“仰观宇宙之大，俯察品类之盛。”

——［东晋］王羲之

从宇宙大爆炸开始，经过漫长的沉积和演变，太空成为一个巨大的物质和能源宝库。相对于资源日益枯竭的地球，外层空间资源几乎是“取之不尽，用之不竭”。随着人类技术水平和探索能力的不断进步，越来越多的空间物质和能源被源源不断地发掘出来，包括各种天体、太空太阳能、矿物质、水资源，等等。目前已经进行的科学探测表明，月球上至少存在着丰富的氧、硅、铝、氦、铁和丰富的氦-3等资源，小行星上蕴藏着价值不菲的金、银、氦、钴等金属。太阳更是一个源源不断提供洁净能源的宝库，太空太阳能源的开发利用前途无量。随着人口数量的急剧膨胀，地球正面临着能源危机，走出地球，到太空中去探索开发新的资源，已成为人类解决危机的关键途径之一，各种空间物质和能源将成为支撑人类未来永续发展的重要力量。

一、绚烂多姿的天体世界

当黄昏送走西边天空最后一缕晚霞，一个星光灿烂的世界便悄然降临。“天似穹庐，笼盖四野”，点点繁星好似一颗颗璀璨的珍珠镶满夜空。这美妙的景色不仅引人遐想，更吸引人们去探寻和发现。“河汉纵且横，北斗横复直”，古人通过观测，发现了遥远星空中星体的存在和变化规律，并随着天文观测仪、太空望远镜的发明和使用，看到了越来越美妙的天体世界。

太阳系

太空是由宇宙间各种星体以及存在于星际空间的气体和尘埃等物质构成的奇妙的天体世界。行星、小行星、彗星和流星体围绕中心天体太阳运转构成太阳系。在太阳系之外，2500 亿颗类似太阳的恒星和星际物质，构成了更巨大的天体系统——银河系。在银河系外，还有类似的天体系统，称为河外星系，现已观测到大约有 10 亿个河外星系。

银河系

恒星由炽热气体组成，是自身会发光发热的球状或类球状天体。行星绕恒星运行，其自身不会发可见光。卫星则绕行星运行，它自身不会发可见光，依靠其表面反射恒星光而发亮。彗星主要由冰物质组成，沿椭圆、抛物线或双曲线轨道绕恒星运行。流星体是绕恒星运行的、质量较小的天体。地球以外的宇宙流星脱离原有的运行轨道或成碎块散落到地球上的石体被称为陨星，它是人类直接认识太阳系各星体的珍贵稀有的实物标本，极具收藏价值。由万有引力联系在一起、数量超过10个的群星称作星团，星际空间的气体和尘埃结合成的云雾状天体就是星云。科学家们将存在于宇宙中的气态原子、分子、电子和离子等星际气体，直径很小的固态物质（包括冰状物、石墨和硅酸盐等混杂物）构成的星际尘埃，以及星际磁场、宇宙线等统称为星际物质。

在浩瀚的宇宙中，各种天体在结构、大小、形态、温度等方面存在着很大的差别，它们有的有浓密的大气，有的没有，有的只有稀薄的大气，且大气成分不同，如金星大气主要是二氧化碳，木星大气主要是氢；有的是固体表面，有的则完全由尘埃组成；有的表面温度很高，有的表面温度极低，如金星表面温度可以高达480℃，而冥王星表面温度却可以低达-240℃；有的日夜交替，但周期或长或短，有的一侧始终朝向所绕恒星，另一侧永远处于黑夜之中……颜色各异，绚烂多姿的天体，构成了一幅奇妙的美景：心宿二星发出红色的光芒，大角星的光微红带黄，织女星的光白里透蓝；木星表面多彩的云层，最低处为蓝色，接着是棕色与白色，最高处为红色；从望远镜里看去，土星好像是一顶漂亮的遮阳帽漂行在茫茫宇宙中，它那淡黄色、橘子形状的星体四周漂浮着彩云，缠绕着光彩夺目的光环……

行星之最

最大、最快、卫星最多的行星。木星赤道直径约为0.142亿千米，是地球赤道直径的1320倍，质量是地球的317.89倍，自转一周只需9小时50分30秒，是目前所知银河系中体积最大、转得最快的行星。迄今为止，木星拥有48颗卫星，而太阳系内其他行星已知的卫星数量是：土星30颗，天王星21颗，海王星11颗，火星2颗，地球只有1颗。

距离地球最近、肉眼看到最亮的行星。金星运行于地球轨道内，它的大小、质量与地球相似，与地球相距仅0.414亿千米，是人类已经探测到的距离地球最近的行星。金星是距离太阳第二近的行星，其表面大气温度可达480℃，是肉眼能看到的最明亮的行星。它经常第一个从东方的天空升起，所以又叫作“启明星”。

天体本身就是人类可开发利用的资源。万物生长靠太阳，太阳是一个取之不尽、用之不竭的能源宝库，是与人类生产生活最为密切的天体。它是一颗稳定的恒星，一个处于动态平衡且炽热的气体球，其巨大的能量流以电磁辐射、粒子流等方式从太阳表面稳定地向外发射。人类所需能量的绝大部分都直接或间接地来自太阳：太阳能辐射是地球大气圈、水圈、生物圈运动以及岩石外延力作用的主要能源，地球上的风能、水能、海洋温差能、波浪能和生物质能也都由太阳能转化而来，当今地球上最重要的能源——煤和石油，也是长期积累的太阳能化石，并且人类未来解决能源枯竭问题的答案或许就在空间太阳能电站的利用上。月球是地球唯一的天然卫星，也是离地球最近的天体。早在1992年就有人对月球与地球资源进行了比较，提出月球资源是地球资源的重要储备[①]，其特殊的环境和丰富的物质资源，使未来人类建立月球基地、地球监测站、深空探测中转站成为可能。火星与地球有着较为相似的自转、公转和地貌环境，拥有比地球稀薄的大气层（主要成分为 CO_2），重力场约为地球上的三分之一，一直被认为是最适合人类未来移民的理想去处，随着航天技术的发展，将其变成人类第二家园的梦想或许会实现。另外，木星、水星以及一些金属小行星上都发现了较为丰富的资源，随着人类认识能力的不断扩展，更多的空间资源将源源不断地被发现。

此外，还有一种开发潜力极大的天体资源——脉冲星。1967 年，英国天文学家休伊什和贝尔发现了第一颗脉冲星。这一重大发现，与星际分子、类星体和微波背景辐射，被誉为是 20 世纪 60 年代四大天文发现。脉冲星是高速旋转、会周期性发射脉冲信号的星体，它是中子星的一种，是大质量恒星的演化遗迹，是“死亡”以后的恒星。脉冲星自转速度很快，会从磁极方向发射出功率强大且又有规律的电磁脉冲信号，周期非常稳定，被誉为自然界最稳定的天文时钟。而且，脉冲星在天球[②]中的位置也可以被精确测定，可作为宇宙中的天然信标，因此，脉冲星具有成为天然导航星的潜力，可以为空间飞行器等提供丰富的导航信息，助其实现高精度自主导航。利用脉冲星网络实现空间飞行器的高精度自主导航，不需

---

① Carter J. L. Lunar Material Resources：A Comparison with Earth's 1992（01）.

② 在天文学等领域中，天球是一个想象中旋转的球，理论上具有无限大的半径，与地球同心。天空中所有的物体都被想象成在天球上。

要庞大的地面系统的支持，有助于提高卫星网的生存能力，即使在地面站发生阻塞甚至被破坏时仍能保持系统的正常运行。而且，脉冲星的脉冲信号可覆盖至星际空间，也可能成为未来深空探测以及星际飞行导航理想的技术解决方案。

相关链接

脉冲星与星际分子、类星体、微波背景辐射，被誉为是20世纪60年代四大天文发现，这四大发现对于人类认识宇宙非常重要。

星际分子：1963年，美国科学家发现星际羟基分子（OH），此后陆续发现大量星际有机分子。星际分子的发现，有助于人类对星云特性的深入了解，可以帮助揭开生命起源的奥秘。

类星体：1960年，美国天文学家发现了一类特殊天体，因它们看起来是“类似恒星的天体”而得名。而其实际上却是银河系外能量巨大的遥远天体，其中心是猛烈吞噬周围物质、在千万个太阳质量以上的超大质量黑洞。天文学家通过大型巡天望远镜，已经发现了20多万颗类星体，其中距离超过127亿光年的类星体有40颗左右。

微波背景辐射：微波背景辐射是美国贝尔实验室两位研究人员于1964年发现的。微波背景辐射来自宇宙空间背景上的各向同性的微波辐射，也称为宇宙背景辐射。微波背景辐射的发现在近代天文学上，具有非常重要的意义，它给了大爆炸理论一个有力的证据，它被认为是大爆炸的遗迹，是宇宙中“最古老的光”，穿越了漫长的时间与空间后成为了微波，充盈在整个宇宙空间里。在宇宙中，微波背景辐射是均匀的，因此好比宇宙的“背景”。

目前，NASA 已经建造了“戈达德”X 射线导航实验室测试平台，计划在 2017 年对下一代 X 射线导航技术进行测试和论证。德国马克斯-普朗克研究院也正在为太空飞船研发导航技术，将脉冲星当成灯塔，引导太空船在恒星中间穿梭。中国也开展了脉冲星导航技术的研究工作。对脉冲星的发现和探索过程，再一次说明了科学的最终意义不仅在于发现自然，更在于合理地解释和利用自然。

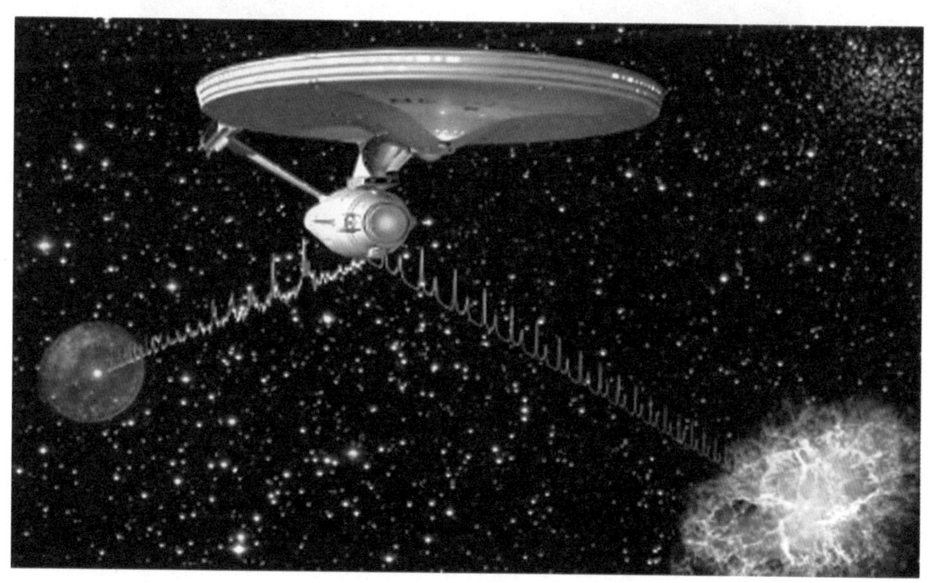

太空导航系统：将脉冲星当成灯塔，引导飞船在宇宙中穿行

随着天文学家的不断研究与探索，人类发现了越来越多的特殊天体。如 2009 年 5 月，美国印地安那大学伯明顿分校科学家查尔斯·霍洛维茨领导的一支研究团队，通过计算机模拟实验发现，中

子星的外壳是宇宙中最坚硬的物质，比钢铁还要坚硬100亿倍。再如，科学家发现在浩瀚的宇宙中有一种天然的行星“粉碎机”——白矮星①，它的性质接近黑洞，对附近的行星会产生巨大的引力，而这种力量将彻底瓦解一定距离内的行星。白矮星就像宇宙中贪婪的食肉动物，先把周围的行星撕裂，然后把它们磨碎，最终彻底“吞食”。有科学家预言，未来如果太阳演化成白矮星，地球将可能

白矮星吞噬行星示意图

也会像这些行星一样，被成为白矮星的太阳所撕裂并“磨成”粉末。虽然地球可能遭此厄运，但还是有一些乐观猜想：到那时人类科技已经十分发达，足以把人类和地球其他生物移居到其他适宜生存的星球上，人们可以远远地观看发生在太阳系内惊心动魄的“末

① 白矮星是“即将死亡”的恒星，是一种低光度、高密度、高温度的恒星，因为颜色呈白色、体积比较小，因此被命名为“白矮星”。

日大戏”。

2014年4月，美国的观测卫星发现了一颗位于恒星适居带（液态水可以存在）内的类地行星，并将其命名为“开普勒-186f”。它距离地球大约500光年以外，体积是地球的1.1倍，符合维持生命所需满足的若干标准，是迄今为止所发现的各种可能适合人类居住的行星中与地球环境最为相似的一个。在此之前，科学家们还相继发现了Gliese 581g、开普勒-22b等适合人类生存居住的类地行星，这些类地行星的发现，为探索地外生命、人类未来移民太空提供了希望。

艺术家描绘的“开普勒-186f”围绕其恒星运转图

二、储量巨大的能源

能源对于人类的重要性不言而喻，但地球上可供开采的煤和石油等能源的储量是有限的，按照如今能源需求的增长速度，倘若没有特别重大的发现，估计只能维持 200～300 年。[①] 而太空中却储藏着丰富的能源。

1. 人类的终极能源——太阳能

中国的《山海经》和《淮南子》，记载了夸父为征服酷热“与日逐走”、“道渴而死”[②]，后羿[③]“上射九日”、“下除六害”、“万民皆喜”的神话，反映了人类征服太阳的勇气和愿望。而现代人类愈发清晰地认识到，人类在地球上的繁衍生息离不开太阳。

太阳是现今世界上最大的能源宝库。太阳能，一般是指太阳光的辐射能量和热量，是由太阳内部氢原子连续不断发生氢氦聚变释放出巨大核能而产生的。太阳光分布广泛，无论陆地或海洋，高山或岛屿，太阳所照之处都有丰富的太阳能资源。据测算，太阳每秒钟将 81 万亿千瓦的热能量送给地球，地球每秒钟所获得的太阳能量相当于燃烧 500 万吨优质煤所发出的能量。[④] 而且，与开发利用化

---

① 杨照德：《空间资源开发利用》手稿。

② 相传在黄帝王朝时代，夸父族首领想要把太阳摘下，于是开始逐日，和太阳赛跑，在口渴喝干了黄河、渭水之后，在奔于大泽路途中渴死，手杖化作桃林，身躯化作夸父山。

③ 神话传说中的古人名，夏代东夷族首领，善于射箭。

④ 王文轩：《人类未来将开发的太空资源》，《生态经济》2012 年第 2 期。

石燃料（如煤、石油、天然气等）不同，开发利用太阳能不会污染环境，被认为是目前人类可以利用的最好的绿色环保能源，与核能一样，有望成为人类的终极能源。

对太阳能的利用，有光热转换和光电转换两种方式。中国古代就有“金燧取火”，《礼记·内则》中记载：“晴则以金燧取火于天，阴则以木燧钻火也。”说的就是晴天有阳光时，利用凹面镜汇聚太阳能获取火种，这是人类利用光学仪器汇聚太阳能的一个发明。20 世纪 70 年代以来，太阳能科技得到迅猛发展，太阳能利用日新月异。在光热利用方面，通过太阳能收集装置，将太阳辐射能收集起来并转换成热能，太阳能热水器、太阳能干燥器、太阳能暖房、太阳能温室、太阳能空调制冷系统、太阳灶等，进入人们的生产和生活中。太阳能热采暖是节能减排、减少雾霾污染的有效途径之一。有测算数据表明，如果中国华北地区有一半的小型自助燃煤锅炉改用太阳能采暖，那么华北上空将会减少三分之一以上的供暖性雾霾。而一台截光面积为 2 平方米的聚光太阳灶，每年可节省约 1 吨的农作物秸秆或薪柴，对于节省常规能源、降低环境污染、减小劳动强度、提高生活水平具有重要意义。[①] 在光电转换方面，太阳能光伏发电因其清洁、安全、便利、高效等特点，已成为世界各国普遍关注和重点发展的新兴产业。日本于 1974 年开始执行“阳光计划”，把光伏发电作为国家未来电力的重要组成部分。美国政府在 20 世纪 90 年代提出“百万屋顶”计划，出台各项经济政策，

① 《西北太阳能富集区大力发展“农家太阳能”》，新华网宁夏频道，2010 年 6 月 29 日。

刺激本国光伏产业的发展。中国通过金太阳示范工程、太阳能光电建筑应用示范工程及建立光伏发电集中应用示范园区，推动光伏发电的应用。中国太阳能资源丰富，具有强大的开发潜力，已经成为世界第一大光伏产业制造国。随着光伏发电成本的降低，广泛实施太阳能光伏并网工程，将成为未来能源发展的重要战略之一。科学家预计，太阳能作为一种清洁、可再生能源，在不久的将来就会成为世界能源的主体。

相关链接

1893 年，法国科学家贝克勒尔发现“光伏效应”。

1930 年，朗格首次提出用“光伏效应”制造“太阳能电池”，使太阳能变成电能。

1954 年，恰宾和皮尔松在美国贝尔实验室首次制成了实用的单晶太阳能电池。同年，韦克尔首次发现了砷化镓有光伏效应，并在玻璃上沉积硫化镉薄膜，制成了第一块薄膜太阳能电池。

目前，太阳能资源已经应用于人造航天器的空间运行中，大多数航天器都利用太阳能为其提供必要的能量。2014 年年底，美国波音公司光谱实验室子公司已生产出 400 万块航天用砷化镓太阳电池，在过去 23 年里，这种电池已经为 380 艘以上的飞行器提供电能。[①]航天器运用太阳能的基本原理是：将具有光电转换特性的材料制作成太阳能电池片，并按一定顺序排列安装形成太阳能电池阵；太阳

① 王巍：《光谱实验室公司制造出第 400 万块航天用太阳能电池》，国防科技信息网 2014 年 12 月 5 日。

能电池阵结构的一端与航天器相连，另一端则自由伸展，被称为太阳能帆板或太阳能电池翼。航天器在发射状态时，太阳能电池阵结构处于收拢状态，入轨后展开，在太空中采集太阳辐射的能量，并转换成电能后供给航天器使用。太阳能帆板的面积越大，提供的能量越多。为了不断获得能量，需要对太阳能帆板不断维修和更换。著名的哈勃太空望远镜从 1990 年交付使用至今经历了数次大的维修，修复望远镜的电力控制装置，更换了新的太阳能帆板。

展开太阳能电池帆板的哈勃望远镜

NanoSail-D 在太空中展开太阳帆效果图

除了太阳能帆板，人们正在探索一种新的太阳能利用方式——太阳帆。从 1993 年开始，俄、美、日等国进行了数次太阳帆空间试验，其中，日本于 2010 年 5 月 20 日发射的金星探测器“伊卡洛斯”获得了圆满成功，在 2010 年 12 月 8 日飞越金星。[①] 2010 年 12

① 杭观荣、洪鑫、康小录：《国外空间推进技术现状和发展趋势》，《火箭推进》2013 年第 5 期。

月 6 日凌晨，NASA 搭载在 FASTSAT 卫星上的代号为“NanoSail-D”的太阳帆飞行器出舱进入太空，在短短 5 秒内成功打开了太阳帆，使飞行器的着光面达到 9.29 平方米①，吸收大量太阳能作为飞行器的动力来源。这类飞行器无需火箭推进剂，由宇宙中的阳光不断提供动力。也许在不久的将来，太阳帆将助力飞行器肩负起人类未来星际航行的重任。

2. 安全的清洁能源——氦-3

氦-3 是氦的一种同位素，它的原子核内比氦少了一个中子，可以与氘进行核聚变反应，并释放出巨大的能量。这是一种清洁无污染的核电原料，不像目前所用的重金属钚那样具有放射性。

科学家研究发现，太阳持续不断释放氦-3，但地球的磁场和厚厚的大气层几乎使氦-3 无法抵达地球表面。据估计，地球上可提取的氦-3 只有 15~20 吨，而容易取用的氦-3，全球仅有 500 千克左右。② 月球数十亿年来一直在积聚氦-3，从月球表面到地下数米深的地方，有大约 110 万吨氦-3，大部分集中在颗粒小于 50 微米的富含钛铁矿的月壤中。对于月球上的氦-3 资源，日本曾经有人测算过，1 吨氦-3 与重氢核聚变反应产生的能量为 6×10^{17} 焦耳，如果有 6 吨氦-3，就能满足日本一年的电耗，中国全年的发电量也只需 8 吨氦-3。现在世界能源总需求量达 3.3×10^{20} 焦耳，其中 90%来自碳素燃料，每年生成的 CO_2 高达 180 亿吨，从而招致全球变暖及酸雨

---

① 《2010 年的美国航天活动》，《国际太空》2011 年第 2 期。
② 刘辉：《未来新能源——月球氦-3》，《中国电力教育》2014 年第 25 期。

等环境问题。以目前的能源消费速度，全世界一年的发电量只需100吨氦-3就能完成，而月球上的巨大储量足以满足整个地球一万年的能源需求，而且安全清洁无污染。即便考虑到月壤的开采、加工和运输成本，氦-3的能源偿还比估计可达250。这个偿还比和铀235生产核燃料（偿还比约20）及地球上煤矿开采（偿还比约16）相比，是相当有利的。① 而且，从月壤中提取1吨氦-3，还可以得到约6300吨的氢、70吨的氮和1600吨的碳②，这些副产品对维持月球永久基地来说，也是非常必要的。

因此，月壤中丰富的氦-3资源，将有可能成为解决今后地球人类长期能源需求的重要原料，利用氦-3作为燃料的核聚变可大大降低人类对化石燃料的依赖，大幅提高人类生产力，对人类未来能源的可持续发展，具有重要而深远的意义。

3. 令人着迷的“反物质”

“反物质”概念，是英国物理学家保罗·狄拉克最早提出的。他在1928年就预言，每一种粒子都应该有一个与之相对的反粒子。正如电子有负电荷，而它的反物质正电子则带有正电荷。1932年，人们发现了正电子即电荷为正的电子的存在；1955年，人们制造出第一个反质子即电荷为负的质子。1997年4月，美国天文学家宣布他们利用伽马射线探测卫星发现，在离银河系约3500光年处有一个不断喷射反物质的反物质源，它喷射出的反物质形成了一个巨大的

① 王志刚、江兴流：《氦-3——人类未来的新能源》，《大自然》2005年第1期。

② 同上。

“反物质喷泉”。2013 年 4 月，诺贝尔奖得主、美籍华人物理学家丁肇中在日内瓦欧洲核子中心公布，其领导的阿尔法磁谱仪项目在历时 18 年后，发现超过 40 万个正电子，这是目前世界首次在太空中直接观测、分析到的高能量反物质粒子，打开了一扇从太空观测宇宙射线的大门。如今太空中存在的这种让人类着迷的反物质，已成为近年来人类探索和开发利用的新兴太空能源。

有科学家认为，反物质是由中子星和黑洞撕裂产生的。当物质和反物质发生碰撞时会相互湮灭，根据爱因斯坦提出的方程 $E=mc^2$，它们的质量会转化为纯能量。正、反物质如果相遇产生的能量非常巨大，1 克反物质与正物质结合时，其所放出的能量，相当于世界上几个最大水电站发电量的总和。把航天飞机、巨型火箭送上太空，使用液体化学燃料至少需要 2000 吨，如果换用反物质，只需 10 毫克（相当于小小的一粒盐）就足够了。2009 年，美国推出了研制反物质推进器的初步设想，这种反物质推进器释放出的能量，是航天飞机推进器使用的氢氧推进剂燃烧释放出的 100 亿倍，是核裂变反应的 1000 倍、核聚变反应的 300 倍，而且反物质不会像核弹那样产生放射线污染，被认为是一种理想的清洁能源。太空中的反物质能源或许将开启未来人类能源利用的“工业革命”，解决人类在地球上的能源所需。科学家预测，假如利用反物质推动宇宙飞船，六星期到达火星将不是梦，这将使得人类的星际航行之梦成为现实。

三、富饶的矿产资源

太空还是一个巨大的矿产资源宝库。在宇宙开始时，大质量星球死亡，含有重元素的物质散布到周围的空间，而后和下一代星球结合，经过漫长的沉积和演变，在太空中形成丰富的矿产资源。月球、火星和小行星等天体上所蕴藏的矿产资源，很多是地球上紧缺的稀有资源。

月球是离地球最近的天体，也是目前人类探测与研究程度最高的地外天体。全世界已开展的月球探测活动有上百次，初步探知月球表面土壤和岩石中有20%的硅，20%~30%的铁以及锰、钴、钛、铬、镍、铝、镁等矿物资源，月岩中含有地壳里的全部元素和60余种矿物，地球上最常见的17种元素，在月球上比比皆是，而地球上没有的6种矿物，也可在月球上找到。月球上月海玄武岩中蕴藏着丰富的钛铁矿，是生产金属铁、钛的原料；克里普岩中蕴藏着丰富的稀土、钾、磷、铀、钍等元素，是未来人类开发利用月球资源的重要矿产资源。

火星表面的土壤中含有大量氧化铁，稀有金属有锗、镧、铈、铪、钐、镓、钯、铑，还有金、银等。2013年年初，好奇号火星探测器搭载的可以发射激光开展研究工作的化学相机设备，对火星上的岩石进行探测，结果显示，在火星样本岩石的浅色脉体成分中含有较高含量的钙、硫和氢。研究人员使用“好奇号”携带的“火星手持式成像仪”设备，对样本沉积岩进行了考察，发现这些岩石中有部分是砂岩，其粒径和花椒接近；其他的很多岩石是粉砂岩，其颗粒的粒径比白砂糖颗粒还要小。[①]

小行星是太阳系形成时的残留碎片或大行星毁灭后的残骸。在太阳系内，大约有100万颗直径1千米以上的小行星。这些小行星虽然“其貌不扬”，但其中的稀缺矿产资源储量巨大，很多小行星上富含大量的金属和矿物资源，有的小行星更被看为是超级财富之星。分布在火星和木星轨道之间的绕太阳运行的小行星中，就有很贵重的资源。美国天文学家发现并命名为1986DA的一颗小行星，其直径约为1600米，在这颗小行星中含有10万吨铂、十几万吨金和10亿吨镍，这些贵金属的总价值约为1.5万亿美元。[②] 人类在大量近地小行星中已经识别出了高品位的铂族金属元素矿床，在有关的陨石中发现铂、铑、铱、钯和金都有很高的含量。国立莫斯科大学天文学研究所舍甫琴柯博士表示，可在近地轨道上找到约200颗小行星作为开采矿物的目标，例如在一颗直径1000米的所谓“金属”小行星上拥有超过全世界钢产量五倍的原料储量。[③] 仅相当于一幢房子那么大的小行星也将价值数百万美元；一颗直径约为30米的小行星上就可能蕴含价值高达250~500亿美元的铂金矿产；科学家们曾利用望远镜光谱观测法测算出一颗直径为1千米的小行星就含有3千万吨镍、150万吨钴和7500吨铂；美国一家专门做小行星矿产及其价值评估的网站Asterank，对第241号小行星“Germania”

---

① 《“好奇号”将首次钻探取样火星岩石》，新浪网，2013年1月17日。

② 杨照德：《空间资源开发利用》手稿。

③ 郭可：《人类为何探测小行星：开发矿物资源·计算行星质量》，《环球时报》-人民网（北京）2005年11月30日。

上所具有的矿产资源作出评估，评估其价值达到95.8万亿美元，超过了目前全世界的GDP总量。[1] 2014年6月，天文学家在40光年开外的巨蟹座星群中甚至发现了一颗编号为55e的由钻石构成的恒星，这颗恒星亦属于白矮星，由于温度极低（相对其他恒星而言，实际它的温度接近3000℃），其碳原子已经结晶成为钻石，并且基本不再发光，它围绕着一颗脉冲星（下图左侧）运转。

人类发现的钻石恒星

四、人类生命必需的“水”

水是生命之源。在太空中，科学家在很多星体上探测到了水，它们基本以冰的形式存在。

---

① 《太空采矿》，《科技万有瘾力》第13期，网易新媒体，2013年1月29日。

根据地面雷达进行的观测，在太阳光无法直接照射到的月球极地火山口底部和水星两极地区，都可能存在着冰。月球探测器“月船1号”、美国“卡西尼号”和“深度撞击”探测器，都分别发现过月球有水的证据。2009年11月13日，NASA正式宣布，月球陨坑观测和遥感卫星（LCROSS）任务已经成功地在月球的永久阴影中发现水的存在，而且储量可观。[①] 研究发现，火星有很多凝固成冰态的水，两极冰冠中包含大量的冰，火星南极冠的冰如果全部融化，可覆盖整个星球达11米深，地下的水冰永冻土可由极区延伸至纬度约60°的地方。美国信使号水星探测器发现在水星极区撞击坑阴影区内储存着丰富的水冰和其他冰冻的挥发性物质；在冥王星的表层也多半包含有冰；天王星和海王星也有大量的冰；彗星上也有丰富的水和冰，20世纪80年代，通过探测器发现，从哈雷彗星中释放出的物质，其80%是水。木星、土星、天王星和海王星都有许多的卫星，根据空间探测器的观测，这些卫星大多数也覆盖着冰。那些表面较暗、富含碳质的小行星拥有较高含量的水分。美国约翰斯·霍普金斯大学天文学家安德鲁·里夫金与田纳西大学天文学家乔舒亚·埃默里，自2002年开始对火星和木星间小行星带上的司理星进行7次观测，通过红外信号发现了水冰和碳基有机化合物的踪迹。[②] 2010年，科学家利用欧洲“赫歇尔”远红外线太空望远镜，第一次明确探测到太阳系最大且最圆的小行星即谷神星向太空喷涌

---

① 《越追“月”美丽——月球藏宝图之谜》，中国航天科技集团公司官网，2012年3月19日。

② 《小行星上发现水冰，或证明生命元素来自太空》，新华网，2010年4月30日。

出羽状水蒸气，在热木行星大气中发现了“水”。在太阳系外，科学家也发现了“水”的踪迹：2006 年瑞士天文学家利用设在智利的天文望远镜，发现了一个独特的太阳系外行星系统，其中的一颗行星表面可能存在液态水。

谷神星向太空喷涌出羽状水蒸气

这些天体中存在水的宝贵之处，并不仅限于它可能成为未来地球水源的“补给库”，还可能为人们一直期待的星球移民提供必需的水源。而且这些水还能被分解出氢、氧和氘，为火箭提供推进剂，或许我们可以想象在低地球轨道乃至月球、火星建设能源站出售这些火箭推进剂，形成太空“加油站”和“蓄水池”，让太空中的飞船和卫星可以不断补充推进剂，继续运行。显而易见，在月球上设立这样的能源补给站具有很大的经济效益，因为月球的引力仅为地球的六分之一，在那里发射火箭的成本更低。太空水资源的开发利用，必将使人类利用太空的方式发生彻底改变，引发巨大的贸易、旅游和发现的新浪潮，更使我们一直期待的宇宙远航成为可能。

神秘的太空，包罗万象，除各种天体、矿物质、能源和水资源外，科学家在太空中还发现了一些具有特殊功能的物质，如 2012 年，英国纽卡斯尔大学的科学家在位于英国东北部的威尔河河口，发现了一种常见存在于地球上空约 32.19 千米高度的“太空细菌”。这种神秘的生物体具有超强的发电功能，将来也许会成为一种新的发电原料。科学家认为，这种被称为同温层芽孢杆菌的微生物，是在大气循环的作用下落到地面上的。研究人员共从威尔河河口提取出 75 种细菌，并对每种细菌的发电能力进行了测试。实验结果显示，与其他细菌相比，用同温层芽孢杆菌制造的微生物燃料电池的发电量是其他微生物燃料电池的两倍。① 科学家发现了太空中还存在着生命必需的有机物质：月球地表风化层中可能含有大量的氮，可供农业使用；困在寒冷的月球陨石坑里的甲烷和氨，所含的碳和氮是任何长期月球居留地都需要的成分。火星上还有构成丰富有机物的元素（如碳、氮、氢、氧等），好奇号火星漫游车已经确认火星大气中存在甲烷。NASA、欧空局和意大利航天局合作的卡西尼探测器，在 2010 年拍摄到一些大型湖泊分布在土卫六（太阳系第二大卫星）北极地区，这些湖泊直径达数百千米，主要成分是液态甲烷和乙烷，其中最大的湖泊 Kraken Mare，面积相当于里海和苏必科尔湖的总和。

随着人类探索太空能力的不断提升，会向太空深处飞得更远，看得更清，必将源源不断地发现和利用更有价值的太空物质和能源。

---

① 《神秘太空细菌即将成为世界新能源》，《农业工程技术（新能源产业）》2012 年第 3 期。

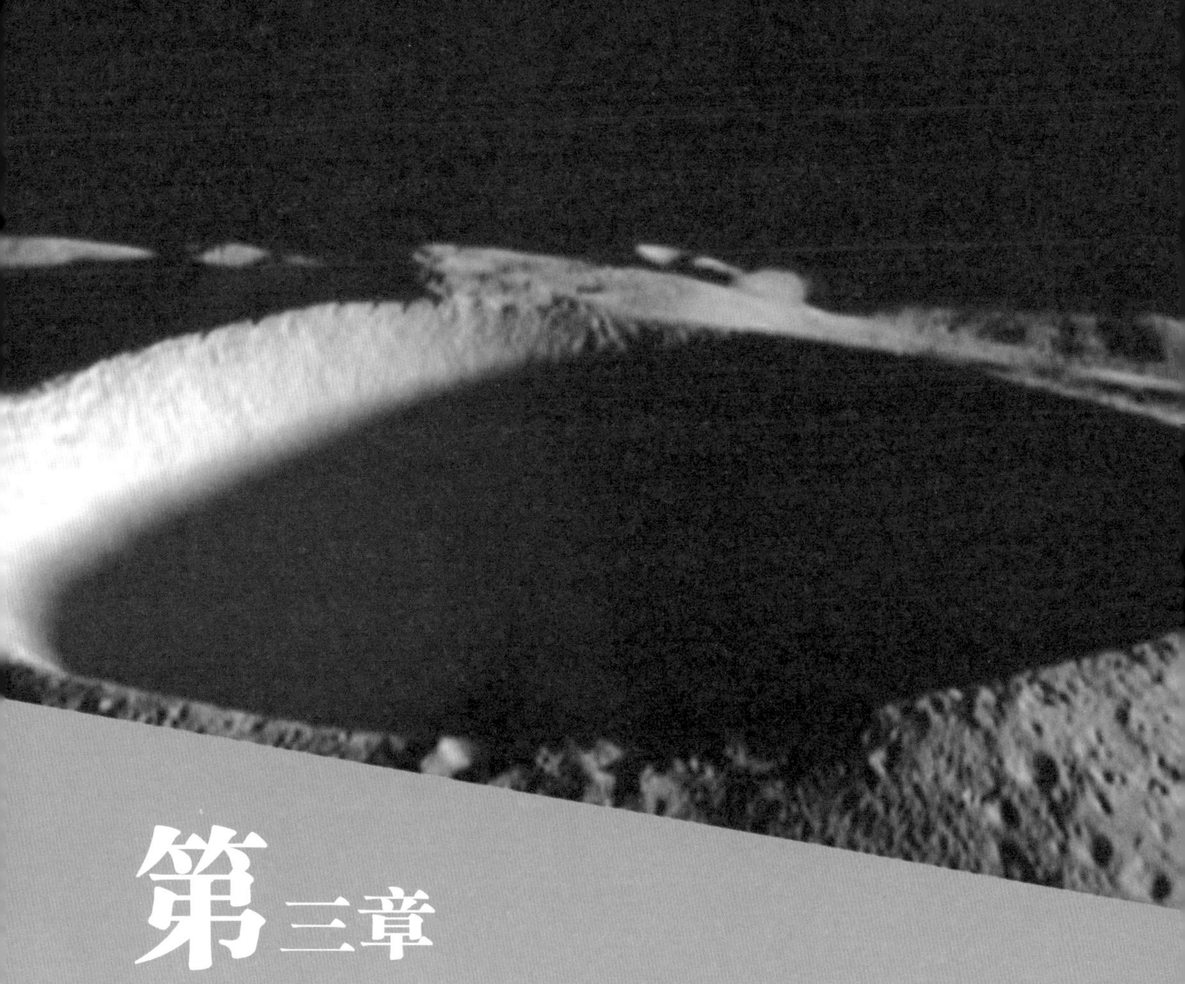

第三章

独特的空间环境资源

“此曲只应天上有，人间能得几回闻。”

——[唐] 杜甫

经过50多年的外层空间开发实践，人们对太空资源的认识已经发生了本质的变化，外层空间不仅有宝贵的物质和能源，还有与我们繁衍生息的地球环境迥异的空间环境，即太空中高真空、超洁净、大范围高低温变化与微重力等形成的独特环境。这种环境也是一种宝贵的太空资源，它孕育了各种特殊的自然现象，相对于地球来说是极为难得的，能为人类提供地面实验设施所不具备的极端物理条件，实现很多在地球上无法开展的科学实验和难以实施的生产活动。目前，人类正积极利用空间环境，使之逐渐成为未来开发新材料、创造新工艺、研制新药以及进行农作物育种、种植的新领地。

一、与地球截然不同的天然环境

浩瀚无际的宇宙空间具有十分复杂的天然环境：真空、低温、太阳辐照、离子辐射、X-射线、原子氧、太阳风、磁场、微流星、宇宙尘埃、引力、失重、辐射沉、分子沉等，构成与我们生存的地球截然不同的环境。随着空间探测研究和实践活动的增多，人类对空间环境中的高真空、低温热沉、微重力和强辐射等，有了逐步的了解和利用。

1. 高真空

真空科学技术的发展，大体经历了粗真空、细真空和宇宙真空三个过程。粗真空、细真空是利用密封或抽气技术在地球大气环境中制造的人造真空，而宇宙真空是天然形成的，它与前两者截然不同。按照主流的宇宙大爆炸理论，宇宙大爆炸后形成氢和氦两种元素，其中主要是氢。在银河系星际物质中，氢的密度非常稀薄，为平均每立方厘米 1 个氢原子。宇宙中星体的引力作用①使得这些物质相对稳定，但在星体表面的气体也在不断发生着“逃逸”现象。

① 宇宙空间约束大气分子的力量，目前人类尚不能完全解释清楚。有科学家猜想，暗物质可能就是一种重要的对行星大气分子空间分布起作用的引力。

随着离开地球表面高度的增加，地球的引力作用逐渐减小，气体分子的密度也不断减小，在地表1000千米以上，达到了极高真空状态(分子数密度约为1011个分子/m^3)，这是一种超纯的、无限容积的、得天独厚的真空环境。在航天器的尾流区中，甚至存在压力低达1.33×10^{-13}帕的极高真空区域，在地面迄今为止还生产不出如此高的真空度。

宇宙大爆炸理论

1946年，美国物理学家伽莫夫（1904-1968年）正式提出大爆炸理论，认为宇宙由大约140亿年前发生的一次大爆炸形成。爆炸之初，物质只能以中子、质子、电子、光子和中微子等基本粒子形态存在，且温度极高，密度极大。宇宙爆炸之后，温度很快下降，而宇宙体积的不断膨胀，也使得宇宙中的物质密度经历了从高到低的演化。随着温度降低、冷却，逐步形成原子、原子核、分子，并复合成为通常的气体。气体逐渐凝聚成星云，星云进一步形成各种各样的恒星和星系，最终形成我们如今所看到的宇宙。

正是有了这种高度纯净的真空环境，人类才找到进入太空的门路。因为人造地球卫星必须达到第一宇宙速度才能正常运行，而在地球大气层中由于气动阻力和气动加热作用的影响，在现有技术水平下，不可能达到宇宙速度，也不可能维持这个速度运行。从这个意义上讲，真空环境应该是人类开发利用太空的第一资源。

宇宙速度

若航天器速度大于7.9千米/秒（这一速度被称为第一宇宙速度）时，就能进入绕地球飞行轨道；当航天器速度大于11.2千米/秒（第二宇宙速度）时，就能沿一条抛物线轨道脱离地球；航天器要飞出太阳系，则需获得16.7千米/秒的速度（第三宇宙速度）。

高真空环境给人类开发利用太空提供了资源，例如，为空间高纯度和高质量冶炼、焊接和分离提供了理想条件，同时利用太空的高真空与微重力，还可以获得地面上不能获得或难以获得的高品质材料。再如，在高真空环境中，由于没有风雨雷电和大气扰动，大气对光和各种射线的吸收、反射、折射和散射作用都不复存在，从而使得空间的太阳能转换装置可以获得预期的高效率，并拥有较长的寿命。另外，高真空的太空还是观察、研究太阳和天文的理想环境，不仅观测范围可以扩大到紫外线与射线区域，而且测量结果也会更精确，从而可以获得更为全面和准确的资料和数据，这对我们观测太阳黑子与耀斑活动，研究气候反常和无线电波传播以及预测风暴、干旱、洪水都有重要作用，更为我们进行天文观测，开展深空探测，提供了可靠保障。

随着对真空环境研究的深入，科学家发现，“高真空”只是与地球大气环境相对的一个概念，现代研究表明，真空并非一无所有。实际上，宇宙真空场中存在着丰富的“物质”，包括宇宙辐射、引力场、宇宙射线、暗物质、暗能量等。排除了真空物质后的空间是什么？在宇宙或“外宇宙”中是否存在完全无物的真空环境……这些仍有待于人类深入研究和探索。

2. 低温热沉

自宇宙大爆炸后，随着宇宙的膨胀，温度不断降低，经过100多亿年的历程，太空已成为高寒的环境，具有宇宙微波背景辐射的温度为-270.315℃，在远离恒星的空间，环境温度更低，甚至接近绝对零度（-273.15℃）[①]。例如，布莫让星云的温度为-272℃，是目前人类所知宇宙中最寒冷的地方，被称之为“宇宙冰盒子”。

外层空间的这种超低温环境，为航天器进行辐射制冷提供了天然的巨大冷源。由于航天器在受太阳照射时，照射面温度可达600K到700K[②]（即326.85~426.85℃），但在外层空间，航天器将很快形成与周围低温空间的热平衡，散热冷却下来。目前，对外层空间的这种低温热沉环境的应用，主要是航天器的散热冷却和仪器设备的辐射制冷，大部分空间红外仪器，包括红外空间照相机、红外光谱扫描仪和红外望远镜等，都是利用空间超低温热沉进行辐射制冷。

随着航天器种类、数量的增多以及规模的扩大，尤其是载人航天器，其散热与制冷需求也在不断增加，对空间低温热沉环境的应

---

① “绝对零度”是热力学的最低温度理论上的下限值，换算成摄氏温标为-273.15℃。

② 开尔文，热力学温标或绝对温标，是国际单位制中的温度单位。开氏度=摄氏度+273.15。

用也将不断拓展。此外，在不久的将来，这一环境也将是空间太阳能发电系统理想的冷却源。

3. 微重力

地球表面和近地空间的一切物质均受重力支配，而且这种重力环境与地球生命起源与演化有着千丝万缕的联系。由于从地球原始生命进化成人，是在地球引力场中完成的，人类全部生理特点的形成都与地球表面的重力状态密切相关，并与之适应，因此人体在地面上处于阴阳顺接、气血调和、升降有序及阴阳平衡的状态。而在太空中，飞行器所处的是一个重力接近零的环境，这种微重力环境也称为失重环境或零 g 环境，这是我们进入的一个新环境，也是一种有待我们去开发利用的非常有价值的新资源。[①] 通过对微重力环境的研究，还可以帮助我们揭开重力在地球生命演化史中所发挥的作用。

在空间微重力环境下，重力所致的浮力对流减弱甚至消失，表面现象、尺度效应凸显，地球表面的许多次级过程在微重力环境下成为主导，会产生一些新的物理、化学和生命现象。例如，出现这样的物理现象：液体可以在无容器的状态下保持稳定的球状，火焰表面不再是泪滴形，而是可保持弧形或球状等。再如，产生这样的化学现象：物质的扩散过程不再受浮力对流的影响，可形成较大尺寸、均匀的半导体、催化材料和蛋白质晶体。另外，对人、动物和植物的生长、发育等产生影响：长期飞行，不仅导致空间乘员骨质

---

① 王希季：《论空间资源》，《自然辩证法通讯》1985 年第 2 期。

流失、肌肉萎缩、神经功能退变等生理乃至病理改变，而且还严重影响动物、植物的生长、发育、表型和衰亡等生物学过程。

航天器内漂浮的水珠

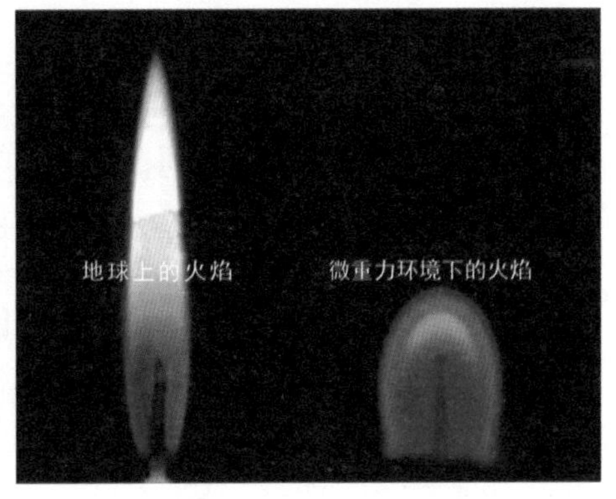

微重力环境下的“冷焰现象”

人类可利用太空微重力的特殊空间环境进行地面上无法完全模拟的实验。在材料生产方面，已经制造出在地面上无法制造的难混合金、偏晶合金和复合材料，其强度、刚度、抗磨损、切削等机械性能、耐热性能、磁性能、超导性能等，均得到较大改善；生长掺杂分布更为均匀、化学配比更加精确，以及晶体结构更加完善的单晶材料等。在医学研究方面，制取地面上无法生长的大尺寸蛋白质晶体和高效率提纯的生物制品；现代医学中，器官移植技术已经相当成熟，对器官的培植也被认为是科学可行的，但由于地面实验室无法避免地球重力场的影响，生物细胞往往无法完成在三维空间的生长，而空间失重环境为科学家们攻克这一难题提供了理想的实验条件。在生命起源科学研究方面，科学家在空间微重力环境下可摆脱重力作用的影响，或将其作为一个可控变量，研究探索重力对生命起源和演进的作用。科学家们期待，未来空间微重力环境的利用，能研究和解决更多诸如此类的生物科学、材料科学、流体科学、基础物理等问题。

4. 强辐射

太空辐射是一种包括伽马射线、高能质子和宇宙射线的特殊混合体。太空中不但有宇宙大爆炸时留下的强辐射，而且各种天体也向外辐射电磁波，许多天体还向外辐射高能粒子，形成宇宙辐射。例如，银河系有银河宇宙线辐射，太阳有太阳能电磁辐射、太阳宇宙线辐射和太阳风等。宇宙中许多天体都有磁场，磁场俘获高能带电粒子，形成辐射性很强的辐射带，在地球的上空就有内外两个辐射带。1978 年 1 月 26 日，美国和欧洲联合研制发射的“国际紫外探险者卫星”，探测到来自彗星的氢氧辐射、冷恒星表面的气体光谱辐射、大质量恒星辐射的强大恒星风及活动星系和类星体发出的紫外辐射，等等。由于有大气的折射和磁场的反射作用，使这些辐射中的大部分都未能到达地球。目前，人类已经在太空中利用辐射环境开展了一些实验，如研究强辐射环境对植物的生长、发育和变异的影响，对材料制造、药品提取的奇特作用，以及研发海水淡化装置等。

太空独特的环境，为人类进行科学实验提供了理想的场所，但也给在太空活动中的航天员带来威胁。如果航天员在太空环境中不穿航天服，由于失压，体内血液中含有的氮会变成气体，人的血液和体液就会像水被烧开一样“沸腾”，同时，皮肤、组织和器官会向外鼓胀，可能会在 15 秒内丧失意识，甚至危及生命。即使在采取保护措施的太空环境下，航天员也会发生恶心、头痛、皮肤损伤、感染等“小问题”，而且还会面临心律紊乱、减压、中毒以及心理问题等导致的严重疾病。而且，随着太空飞行的距离越来越远，一些原本次要的问题会变得非常重要，而本来就已经很严重的问题会变得更糟。例如，航天员在太空飞行两天后回到地球，就可能需要使用新的抗生素治疗皮肤感染，而往返火星需要 500 多天时间，细菌的耐药性会摧毁所有的航天员；微重力环境会导致航天员心率无规则，时间越长的飞行，则意味着这种情况会更加危险；深空飞行时，宇宙射线微粒甚至会“穿”过人体，诱发细胞变异，导致白内障、不育以及癌症等；长期暴露在宇宙中，还会造成神经元破坏，损害记忆和思维过程①；当航天员远离地球，其孤立无援时的心理问题也会更加突出。

同时，特殊的外层空间环境，也会对暴露在其中的设施的物理和化学特性产生影响，成为诱发航天器各种飞行异常和故障的重要原因。据美国国家地球物理中心的不完全统计，在 5000 多条航天器故障异常记录中，由空间环境因素造成的故障异常约占一半。② 典型的就是来自高能带电粒子的威胁。带电粒子与航天器表面相互作用，使热控涂层、光学敏感器、结构材料受到损伤；与航天器内部元器件、电子线路和电子设备作用时，可能产生瞬时干扰，造成功能紊乱，也可能产生永久性辐射损伤，使功能失效；带电粒子引起的航天器放电会产生脉冲干扰或放电火花，干扰或烧毁电子线路和

---

① 徐菁：《抵御太空辐射的盾牌》，《太空探索》2005 年第 4 期。

② 顾逸东：《探秘太空》，中国宇航出版社，2011 年 6 月第 1 版，第 35 页。

设备，引发仪器故障甚至是航天器火灾等危险事故。在低轨道运行的航天器，其表面与原子氧碰撞，几微米厚的涂层可在几天内被腐蚀掉。此外，研究发现，太空中高速运行的固态天然物质——流星体也是空间设施的一大威胁，质量小于 10^{-7} 克的微流星体，将对航天器的光学表面、太阳能电池阵、具有选择反射率表面和映像装置，产生沙蚀作用；质量为 $10^{-7} \sim 10^{-4}$ 克的流星体，则足以给航天器壳体表面造成裂痕。

二、新材料、新工艺、新医药的研发基地

自人类进入太空以来，科研人员在航天实践活动中，始终努力探索借助太空环境实施技术突破的新途径，人类已经将空间站、航天飞机、宇宙飞船和返回式卫星等航天器，作为研究新材料、新工艺、新医药的重要场所。

1. 新材料研制

目前人类在太空利用空间微重力环境、超高度真空、强宇宙粒子射线辐射等资源，已生产出了导磁体、难混合金、复合材料等各种功能的材料。

苏联从 1980 年至 1990 年在空间站上进行了 500 项材料加工实验，范围涉及金属和合金、光学材料、超导体、电子晶体、陶瓷和蛋白质晶体等。首次从空间生长的晶体中产生出激光；首次在空间生长出半导体异晶结构、超离子晶体、碲化镉晶体及合金、沸石晶

体和硅化玻璃；首次通过两种溶液的快速混合结晶生长出羟磷灰石和硫化镉（石膏）。在礼炮号空间站上进行微重力材料加工，拉出了重1.5千克的均匀单晶硅，制备了碲镉汞半导体材料、陶瓷和光学材料，还生产出多种合金材料，带回到地面3500多千克的实验样品。

美国自1981年航天飞机飞行以来，利用空间微重力环境开展了晶体生长、特殊材料工艺研究和生产，特别是把空间微重力实验室送入轨道进行材料加工，生产砷化镓晶体等材料。航天飞机在几次飞行中，利用单扩散乳胶反应器生产的聚苯乙烯微球由美国国家标准局首次作为空间商品出售，每克价格达1.45万美元，虽然价格昂贵，但这是空间产品商业化的第一个重要信号。

中国科学家在返回式卫星上开展的生物材料实验发现，经空间飞行的纤维素酶和葡萄糖苷酶活力提高28%以上，黑曲霉糖化力和葡萄糖苷酶活力提高80%以上，在3年多的使用过程中仍显示活力稳定；经空间飞行的酵母菌活力提高29%，发酵周期缩短8~10天，在啤酒工业上有广泛的应用前景。在神舟3号飞船上进行的蛋白质和其他大分子的空间晶体生长实验和生物细胞培养实验，在空间微重力环境中获得了结构完整的蛋白质晶体样品。

2. 新工艺尝试

人类进入太空后，也开始积极地进行新工艺的尝试。早在1969年，苏联在联盟号飞船上首次进行了空间焊接、合金熔化和凝固等实验；1971年，美国在“阿波罗-14”飞行任务过程中，使用第一个空间加工炉，验证了不同密度材料的混合，在后来的落塔实验中，又进一步对镓和钒两种难混合的元素进行了加工实验，证明这两种元素在空间条件下可以加工出一种新的电子材料；中国利用返回式卫星，多次搭载空间晶体炉，进行空间材料加工实验，研究了解砷化镓单晶、碲镉汞晶体的生长，超导材料的烧结以及铝基碳化硅复合材料的制备等工艺。

目前，人类在太空中已取得的新工艺有皮壳工艺、无容器加工、电泳工艺等。如在太空微重力的条件下，由于无浮力，冶炼金属时可以不使用容器，而采用悬浮冶炼的方式，使冶炼温度不受容器耐温能力的限制，进行极高熔点金属的冶炼，合成很多在地球上不易合成的金属，同时，还可以避免容器壁的污染和非均匀成核结晶，提高金属的强度。再如电泳工艺，可提高分离速度 400 ~ 700 倍，在生物材料方面，已分离出地面很难分离的哺乳动物特化细胞和蛋白质，其纯度比地面高 4 ~ 5 倍。

3. 新医药研发

在医药研究方面，人类已经在太空中开展医学研究，探寻预防和治疗疾病的药物。如美国研究人员把癌细胞放到太空中进行研究，结果发现结肠癌细胞的直径居然可以达到 10 毫米，其体积是地面实验室培养出来的结肠癌细胞的 30 倍。由于空间失重环境有利于组织和细胞的生长，因而便于研究人员观察肿瘤生长，更好地研发抑制肿瘤生长的药物和探寻治疗癌症的方法。再如，一种寄生在草莓中的环孢寄生虫，常会引起严重的胃肠道疾病，甚至造成新生儿脱水死亡，研究人员在太空中采用新方法，培养出了这种寄生虫，为防治该种疾病提供了线索。

在医药生产方面，早在20世纪70年代，美国就提出开发利用空间微重力等进行空间制药的想法，预测空间制药有可能率先成为空间产业。世界主要航天国家都对空间制药进行了尝试。美国和苏联的阿波罗-联盟号飞船进行联合飞行时，以比地球上高6~10倍的效率，从肾细胞中分离出高质量的尿激素。1997年，美国在航天飞机上成功地改良了一种广泛使用的抗生素，使其药物产量比地面品种增加了200%，自1981年到1983年，4次生产出预防心肌梗死的药物。1982年后，苏联航天员在礼炮7号空间站上，生产出流感疫苗。1992年10月，中国利用一颗返回式卫星做搭载培育生物实验，培育出防癌生物——石刁柏；神舟系列飞船也进行了多项生物制药实验，神舟2号飞船和神舟3号飞船搭载了能生产抗癌药物紫杉醇的微生物，以及能生产治疗肝病的药物"辅酶Q"的微生物，在提高药物产量的同时，研制出一批卓有疗效的新药。在国际空间站，人们还生产出了纯度比地面高100倍的抗流感制剂和抗病毒干扰素等30多种高质量药物，而且在"天上"生产药物，一个月的产量相当于地球上同样设备20年的产量。① 专家预言，人类针对脑血栓、冠心病、癌症等重大医学难题的新医学"革命"将会发生在太空。相信在不久的将来，空间药物产品加工将形成一个极富经济潜力的产业。

---

① 孙喆：《我国载人航天工程实施20年——枝繁叶茂泽被九州》，中国航天科技集团公司官网，2012年9月21日。

三、太空农业的试验田

人类通过利用太空独特的环境资源，已经在新材料、新工艺和新医药的研发上取得了成功，看到了太空资源的非凡价值。那么，太空独特的环境能否为农业作出贡献？自古以来，人类都是在地球上进行耕作，随着世界人口的增加，农业问题愈发突出。若能借助太空环境提高地球农业的生产力，甚至直接在太空进行农业生产，不仅地球的压力能得到缓解，未来人类航天活动的食品长期供应问题也将迎刃而解。科学家们以植物种子为切入点，开始了坚持不懈的探索。

1. 太空育种

为了探索太空农业，科学家们首先利用返回式航天器搭载的方式，将农作物的种子送入太空一段时间后回收。研究发现，部分搭载种子在空间微重力和强辐射的条件下，发生了遗传变异现象。例如，20 世纪 50~60 年代间，苏联和美国的科学家率先将植物种子用卫星搭载上天，在返回地面的种子中发现其染色体畸变概率有较大幅度的增加。20 世纪 80 年代中期，美国将番茄种子送上太空并回收后，在地面实验中也获得了变异的番茄，经培育实验后，种子后代无毒，可以食用。中国从 1987 年开始陆续利用返回式卫星、神舟飞船和高空气球，先后进行了 20 多次累计 100 多种农作物的上千个品种的空间搭载实验，发现其中 500 多个品种发生了遗传变异。[①] 据不完全统计，1957~1998 年间，世界范围内共发射了 118 颗空间生命科学卫星，搭载植物种子 42 次，其中，苏联/俄罗斯 18 次，美国 16 次，中国 8 次[②]。经过 30 余年的前期探索，科学家们看到了太空农业的研究价值和发展前景。

神舟飞船搭载的“太空种子”及其长成的“太空蔬菜”

科学家们发现，把经过特殊空间环境（如强宇宙射线、高真空、微重力等）诱变作用而引起遗传变异的种子放回地面种植、选育后，能够快速而有效地将它们培育成综合性状优良的新品种，可以供生产上推广利用。这直接催生出了一个新的研究领域——太空育种，也称空间诱变育种。

---

① 《航天育种，一个崭新的“农业梦”（乡村观察）》，人民网-《人民日报》，2014 年 8 月 3 日。

② 杨护，等：《航天育种研究进展及其在果树上的应用前景》，《中国果菜》2005 年第 3 期。

国外太空育种的发展，主要指以目前在航天技术方面处于绝对领先地位的俄罗斯和美国为代表的，其他国家如法国、加拿大、日本、澳大利亚等发达国家作为参与对象的太空育种历程。美、俄等国作为世界上农产品主要出口国，在农业育种方面也较为先进，相对而言，增加作物产量在太空育种目标中的地位不高。即便如此，国外各航天大国通过航天工程育种技术，已先后培育成功 100 多个农作物新品种应用于生产。比较典型的例子如俄罗斯培育的棉花新品种，不仅棉绒长、断裂强度大，而且产绒率高，在俄罗斯、哈萨克斯坦得到广泛种植，对俄罗斯的棉花生产起到了非常积极的作用。苏联进行的人参、枞树的空间搭载实验，获得了人参皂甙含量高的人参和高大的速生枞树，目前这些枞树在哈萨克斯坦得以广泛种植。

相关实例

世界各国部分太空育种项目实例

世界上，除美国、俄罗斯正在抓紧进行太空育种外，澳大利亚、加拿大、日本、法国、芬兰等发达国家也加入了太空育种的行列。印度作为一个发展中国家，也已经开始了空间生物科学的研究。

澳大利亚作为世界上主要的粮食出口国之一，其粮食作物的生产对于本国的国民经济具有重要的意义。利用中国神舟号飞船，澳大利亚在 2006 年进行小麦“Wyalkatchem”和大麦“Vlamingh”两个主栽品种的育种工作，以期达到提高产量、抗病性和营养价值的目的。澳大利亚育种工作者正在南澳和西澳两个地区分别进行筛选工作。这些种质的育种工作，得到了澳大利亚农业食品部的支持，并将持续几年，且在种质筛选过程中不断增加作物品质以及作物抗旱、抗霜冻等育种目标。

加拿大以丰富的森林资源闻名世界，是目前世界上最大的北方温带木料出口国。近年来，加拿大的木料生产正受到海风的威胁。为了保证木料产量，加拿大科学家得到了加拿大航空局的支持，把他们的主要木材品种——白云杉（Picea Glauca）纳入太空育种项目。2010 年 4 月 5 日，24 株幼苗通过美国的航天飞机升空，3 天后，18 株最健康的幼苗被成功地转移到国际空间站，这些幼苗还将用于遗传学分析，为白云杉的航天工程育种机理研究，提供理论指导。

在石油这个世界自然能源资源即将枯竭的大背景下，近年来，生物质燃料得到爆炸性的发展。在国际原子能机构和 NASA 的资助下，由芬兰、巴西等国家参与的一系列能源生物，如木薯(Manihot Esculenta)、高粱、藻类等的太空育种，正在或即将开展，其中麻风树（Jatropha Curcas）细胞在 2010 年 3 月 8 日已经被送入太空。

中国是世界上唯一将太空育种技术与传统农业相结合的国家，近年来，已经在培育和推广优良品种方面取得了丰硕成果，在水稻、小麦、番茄、黄瓜、青椒等经典作物上，诱变培育出一系列高产、优质、多抗的新品种，并从中获得了一些可能对农作物产量和品质等产生重要影响的罕见突变材料。例如，水稻种子经过空间处理后，产生了大粒、大穗型，黑米、红米型的丰产、优质的突变体，其中的一个典型代表是“华航一号”水稻，穗大、粒多、结实率高，可增产 10%，产量达 7500 千克/公顷；小麦种子经过太空遨游后，在所培育出的后代中已获得矮秆、早熟和丰产的品种，有效地减少了病害所造成的损失，每亩产量增加 100 千克以上，生育期可缩短 10 天左右；番茄的太空种子后代经多代培育后，株高茎粗、果穗增多，已经获得增产 15%以上，最高可达 23.3%的抗病稳定型新品种；黄瓜搭载后代经培育后，植株生长速度明显加快，而且藤条粗壮，叶片茂密，开花结果早，单果长可达 1 米，重量可达 850~1100 克，而且碧绿嫩脆、汁多味纯、清凉爽口；青椒种子飞天归来后，培育出抗病能力强、成熟速度快的品种，单果重量可达 500~600 克，是普通青椒的 2~4 倍，维生素 C 含量提高了 20%，和地面对照相比增产 50%以上等。[①]

太空蔬菜

① 谭放、柳永兰：《太空农业》，江苏科学技术出版社，2001 年 8 月第 1 版，第 83~96 页。

随着种植规模和范围的不断扩大，未来这些“天外来客”也会“飞入寻常百姓家”，丰富大众的选择，并且人们还可以安心地享用它们，因为科学家们已经证实，太空种子的变异基因源自其本身的基因，并无新增的有害基因，经严格检测，证明它们无任何放射性。

相关链接

我国太空育种取得新成果

随着太空育种技术在经典农作物上的成功应用，其触角也渐渐延伸至其他作物上，很多新成果也如雨后春笋般不断涌现。例如，2014 年，随神舟 10 号飞船遨游太空归来的太空铁观音茶种，在绿腾生态茶园基地成功长出第一芽，标志着中国首例太空铁观音育种进入新的研究培育阶段。① 再如，福建省顺昌县的翅荚木种子，在历经 4 次神舟飞船搭载后，其遗传性状亦发生了可喜的变异，平均胸径达 17.84 厘米，最大胸径达 23 厘米，相比普通的翅荚木胸径要多出 2~4 厘米，并且还表现出耐寒、抗病性强等特点。②

太空育种技术在世界范围内取得的可喜成就向人类昭示着：在农业方面，借助返回式飞行器这一高新技术手段，能够有效创造作物的基因突变，产生常规育种方法较难获得的新类型、新性状、新

---

① 《首例太空铁观音育种取得重大进展成功长出第一芽》，新浪网-新浪厦门，2014 年 6 月 13 日。

② 《太空诱变育种探索带来光明前景，顺昌大面积繁育“飞天翅荚木”获得成功》，《中国绿色时报》2014 年 11 月 19 日。

基因，拓宽育种材料的遗传背景和创造出新种质，为培育突破性的新品种奠定物质基础。加强植物太空育种共性关键技术研发与产业化，创造具有重大应用价值的新种质，培育高产优质多抗高效植物新品种，对人类未来的美好生活具有重要意义。

2. 太空种植

太空种子能够服务于地球农业，自然是人类之幸事。科学家们期望太空种子能在太空存活并繁衍生息，为航天员们提供可食用的食物，并为人类移居太空创造条件。

美、俄两国的空间生命科学家们一直在重点研究太空种植，他们根据作物种子在空间环境下的变异情况，分析空间环境对于航天员的安全性，探索空间条件下植物的生长发育规律，期望将宇宙飞船打造成“会飞的农场”，解决航天员的食物自给问题。

目前，太空种植尚处于试验阶段。一种试验方式是地面模拟，例如，美国亚利桑那大学环境研究中心的科研人员设计了一套自给自足的生产体系，他们在温室里用一个直径 2.5 米的圆形塑料质回旋大转盘模拟太空环境，上面种植的蔬菜从圆盘周围的管道中吸收光和热，裸露的根部从营养液中吸收养分，多余的养分用来种植风信子花；俄罗斯的科研人员在一间模拟太空环境的实验室里试种太空蔬菜，他们利用水栽法成功地种出了“月球生菜”“宇宙胡萝卜”“太空番茄”等，其生长期比一般泥土种植快 3 倍[①]；中国航天员科

① 谭放、柳永兰：《太空农业》，江苏科学技术出版社，2001 年 8 月第 1 版，第 83~96 页。

研训练中心研制了空间植物栽培的地面模拟实验装置，该装置由主机、O_2和CO_2测控系统、植物栽培系统和整机数据管理系统组成，其中，栽培室的温度、相对湿度、风速、总压、O_2分压、CO_2分压和栽培基质水分含量均实现自动控制，光源为 LED，红光和蓝光分开供电。另一种试验方式是空间栽培，其在 1996~1999 年间取得了重要突破，美国和俄罗斯的科学家们在和平号空间站①的太空温室里两次试种小麦获得成功，这种太空小麦的成熟时间相比普通小麦缩短了一半，而产量却是普通小麦的 3 倍。太空小麦的成功种植，是人类探索太空种植之路上的一个重要里程碑，在这个美妙开端的激励下，人类继续勇往直前、攻坚克难，用一项又一项的科学实验，探寻着打开太空农业之门的钥匙。

例如，国际空间站于 2014 年启动了蔬菜种植实验。前两批种植的是生菜，于 2015 年 8 月成功收获，其中航天员们还对收获的第二批生菜进行了试吃；近来，美国和日本的科学家一致看好甘薯营养丰富、易栽易活、放氧量大的优点，他们正在联合攻关，将甘薯种植在航天器中，这样既能创造一个小小的生态循环密闭环境，还能让航天员吃到新鲜食品。美国还在酝酿一项名为蔬菜生产系统的“VEGGIE”计划，由航天员们在国际空间站种植可供他们食用的蔬菜，目前，已尝试栽培 6 株莴苣，由粉红 LED 灯提供其光合作用所

---

① 和平号空间站是苏联建造的一个轨道空间站，苏联解体后归俄罗斯。它是人类首个可长期居住的空间研究中心，同时也是首个第三代空间站，经过数年由多个模块在轨道上组装而成。

美国航天员在国际空间站培育出的百日菊

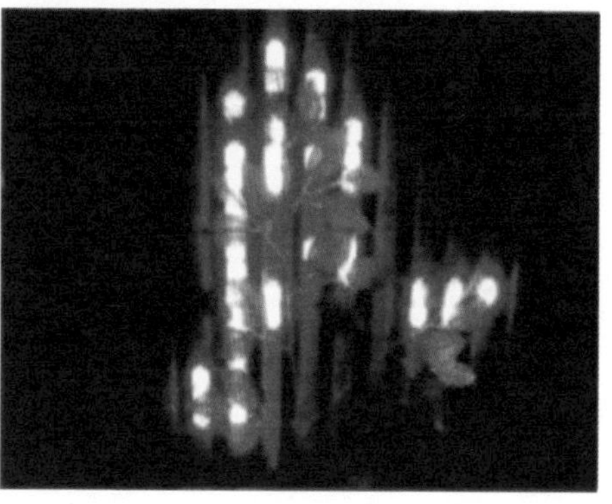

美国培育的莴苣（左）和保证其光合作用的 LED 灯（右）[①]

需光线[②]。2016 年 1 月 17 日，美国航天员斯科特在国际空间站培育出一朵百日菊，成为第一株在外太空开放的花朵。百日菊对环境条件的要求非常苛刻。NASA 的科学家认为，百日菊的成功种植，是植物在极端条件下生长的一次成功试水。接下来，航天员们还计划

① 《太空种植日记》，《太空探索》2013 年第 11 期。

② 《“自给自足空间站”——NASA 将在太空尝试为宇航员种植果蔬》，《世界科学》2013 年第 10 期。

在空间站种植其他一系列蔬菜，并有望在2018年培育出西红柿。[①]

太空中独特的环境资源为太空农业提供了广阔的试验良田，随着太空育种、太空种植技术的产生与发展，人类创造“太空农场”的梦想也许并不遥远，未来人类在太空这“希望的田野”上将耕耘收获更多的农产品，可以用来解决人类太空活动的食物来源问题，不但避免了太空运输的高额成本，而且能利用植物的光合作用改善人类的太空生存环境，这对于人类未来进一步开发利用太空资源有着重大意义。

① 《宇航员在太空培育出第一朵花，花瓣无法形成优美弧度》，腾讯国际新闻，2016年1月18日。

第四章

宝贵的空间高远位置资源

“天高地迥，觉宇宙之无穷。”

——［唐］王勃

在过去半个多世纪的时间里，人类终于突破地球大气的迷雾，克服地球引力的束缚，进入到神秘的太空。鸟瞰地球，亲眼看到、体验了宇宙的奥妙，并且以幻想家都无法想象的速度和力量，让空间开发应用深刻变革了人类的生活、工作和思维方式，并将人类文明推向一个无限浩瀚的新领域，创造了现代文明史的奇迹。

而这一伟大奇迹的产生，是人类利用外层空间高远位置的成果。人们借助于空间技术，将航天器送入太空，不仅可以观地，还能望天；不但在相对地球不同的高度直接探索地球上的各种物质、自然现象和人类活动，而且还能够进入更为遥远的宇宙空间进行探测与开发利用；不仅能够实现高精度、大范围的观测，而且通过通信和导航技术，实现大量信息流的获取、处理、传输和存储，在“信息社会”中发挥着越来越重要的作用。

空间高远位置是十分宝贵的资源，也是迄今人类开发利用最多、最广泛、最有成效的太空资源，也仍然是未来空间开发利用的重点领域。外层空间是没有国界的，它为全人类共同所有，各国具有平等勘测、开发和利用的权利。1967年，联合国制定的《外层空间条约》明确规定：卫星频率和轨道资源是全人类共有的国际资源，各国都拥有开发和利用卫星频率和轨道资源的权利。随着空间技术的发展和卫星应用的日益广泛，空间轨道资源需求日益增加，卫星频率和轨道资源已成为一种稀缺资源和战略资源。

一、航天器开辟遨游太空的神奇天路

远古时代，人类就对翱翔太空、观星望天有无限的遐想与期待，古希腊的星座神话，中国嫦娥奔月的美丽传说，敦煌壁画上曼妙的飞天形象，明代万户乘坐自制火箭进行的人类史上最早飞向太空的尝试……这些都寄托着人类对探索太空的浪漫想象，但却总是难以避免“人攀明月不可得”的遗憾。直到空间轨道的开发利用，人类才真正实现了“飞天”的梦想，近距离地接触到了我们仰望的星空。据最新观测资料，人类已观测到的离我们最远的星系是150亿光年，这也是我们今天所知道的宇宙的范围。这样一个浩大的空间为各种星体和人造航天器提供了运行轨道，使多种用途的航天器作为遨游太空的使者，执行太空探索和开发任务。

航天器又称空间飞行器或者太空载具，是在地球大气层以外的宇宙空间中，基本按照天体力学的规律运动的各种飞行器。航天器由运载器送入太空，在太空停留和运行，利用太空特殊的环境执行探索、开发、利用太空和天体等特定任务，成为遨游太空的使者。人类在近半个多世纪中，制造和发射了多种用途的航天器，截至2013年12月31日，全球累计有6777颗航天器（其中美国2236颗，俄罗斯3398颗，欧洲414颗，中国217颗，日本173颗，印度

64 颗，其他国家 275 颗）成功进入太空，共进行了 301 次载人航天飞行，将 536 人送入了太空，共进行了 6 次载人登月，有 12 人登上了月球。

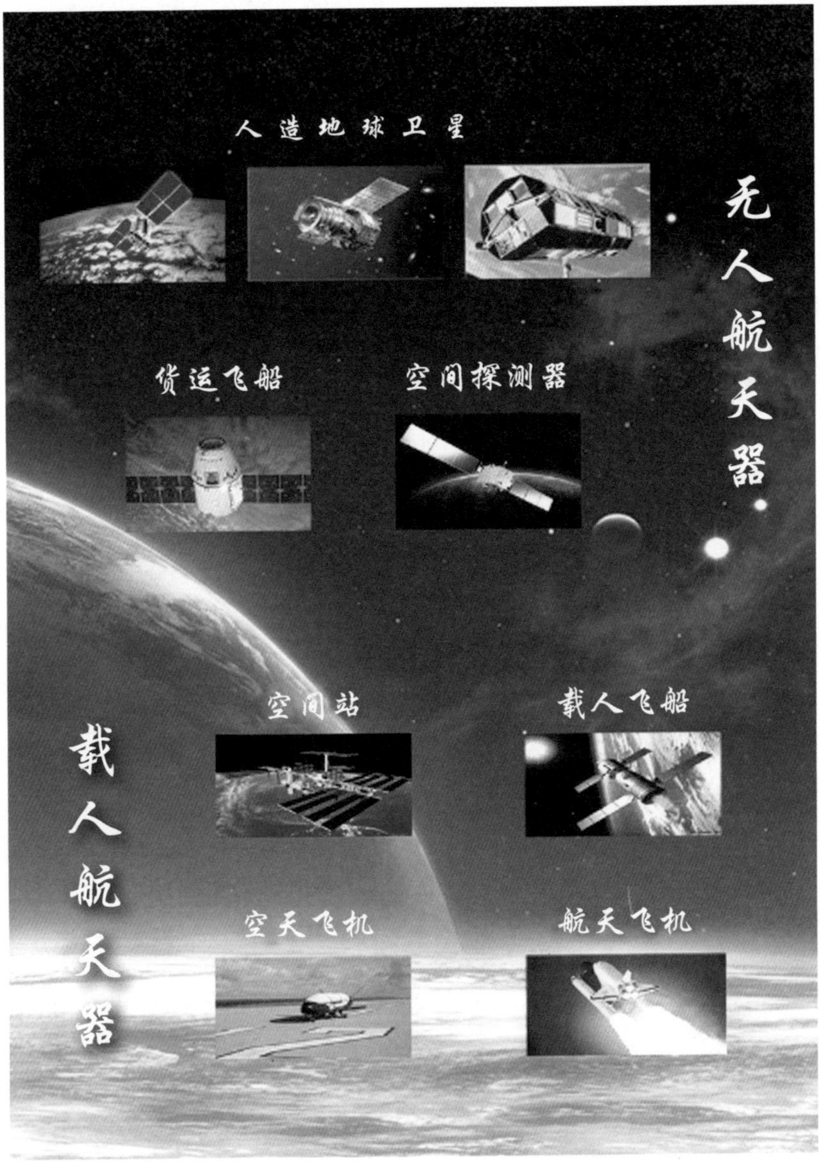

航天器的种类

在太空中遨游的航天器主要包括人造地球卫星、飞船（载人飞船和货运飞船）、空间站、空间探测器、航天飞机和空天飞机等六大类。如果按照是否载人划分，航天器包括无人航天器和载人航天器，两者的主要区别在于后者配备有生命保障系统，以及提供了航天员的生存和工作环境。人造卫星、空间探测器和货运飞船是无人航天器。载人飞船、空间站、航天飞机和正在研究中的空天飞机属于载人航天器。

如今，随着空间技术的发展和应用，空间高远位置资源得到了卓有成效的开发利用，种类和数量最为繁多的人造地球卫星“八仙过海，各显神通”：通信广播卫星是万里高空的“太空邮递员”，快速高效传递着各类数字和多媒体信息；导航卫星是外层空间的“开路先锋”，准确定位、精密授时、实时导航；遥感卫星站得高、看得远，巡天览地，提供对陆地、海洋和大气的观测数据。空间站是大型空间实验室，太空的科学研究惠及人类福祉。空间探测器层层撩开宇宙的神秘面纱，探寻生命起源、寻找拓展适合人类生存的地外天体。宇宙飞船载人运货忙忙碌碌，是空间站补给和载人深空探测的主力军。美国的航天飞机虽已谢幕，但在人类开发利用太空的征程中已铸下丰碑，新的空天飞机呼之欲出。人类发射到太空中的对地观测卫星、通信卫星、导航卫星等各类人造天体，在天地间开辟出一条观测地球和其他天体、传输和获取信息的畅通渠道，也开辟了人类通向其他星球和更广阔星际空间的新路径。

1. 空间高远位置为各类应用卫星提供了运行轨道

利用太空高远位置资源（也称空间轨道资源），人类已经使各种类型和用途的人造卫星进入了太空，像天然卫星一样环绕地球或其他行星运行，完成太空探索和空间开发利用任务。如今，全球超过 50 个国家和组织拥有至少一颗人造卫星。美国 UCS 卫星数据库 2015 年 2 月 1 日公布的数据显示，全球在轨卫星达到 1265 颗，其中，低轨卫星 669 颗，中轨卫星 94 颗，地球同步轨道卫星 465 颗，椭圆轨道卫星 37 颗。从国家看，美国运营的卫星共有 528 颗，占全球在轨卫星总数的 42%，排名世界第一；中国运营卫星总数达到 132 颗，占 10%；俄罗斯运营卫星总数为 131 颗，占 10%；欧洲各国合计 174 颗，占 14%。按用途划分，通信卫星 660 颗，占 52%；遥感卫星 309 颗，占 24%；导航卫星 95 颗，占 7%；技术试验卫星 135 颗，占 11%；空间科学卫星 61 颗，占 5%；其他类 5 颗，占 1%。中国自 20 世纪 70 年代发射第一颗人造地球卫星至今，已经拥有遥感卫星、导航卫星、通信卫星、技术试验卫星、空间科学卫星五大领域的卫星产品，基本实现了系列化、平台化发展，多数已经完成由试验应用型向业务服务型转变，目前在轨运行的卫星已经突破上百颗，这些卫星用于科学研究、通信、导航和对地观测等。

空间轨道高低不同，形状各异。人造地球卫星轨道按离地面的高度，可分为低轨道（LEO，离地球高度为 200~1200 千米）、中轨道（MEO，离地球高度约 1200~35800 千米）和高轨道（离地球高度在 35800 千米以上)[1]；按形状可分为圆轨道和椭圆轨道；按飞行方向可分为顺行轨道（与地球自转方向相同)、逆行轨道（与地球自转方向相反)、赤道轨道（在赤道上空绕地球飞行）和极地轨道（经过地球南北极上空)。另外，人造地球卫星轨道还包括地球同步轨道（卫星在顺行轨道上的运行周期与地球自转周期相同）和太阳同步轨道（卫星轨道平面绕地球自转轴的旋转方向和角速度与地球绕太阳公转的方向和平均角速度相同）两类特殊轨道。

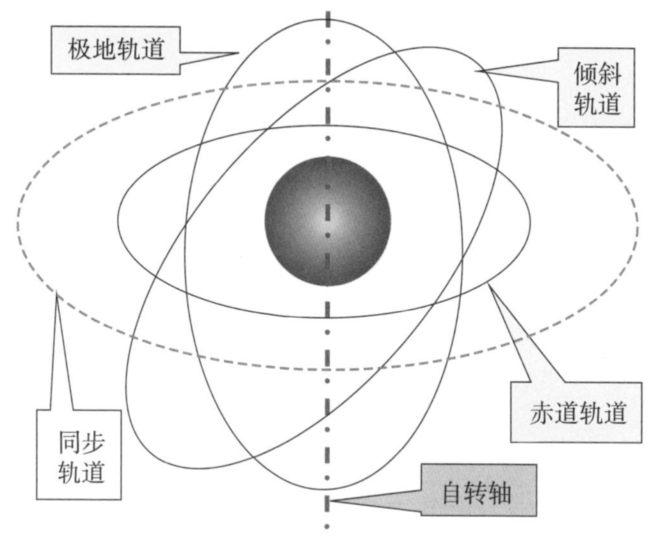

人造地球卫星轨道示意图

不同的空间轨道，使不同特点和用途的人造卫星各得其所。圆形低轨道为对地面摄影的地球资源卫星、照相侦察卫星提供了理想场所；扁长的椭圆形轨道可以较大程度地拓展空间环境探测的范围；赤道轨道和顺行轨道则可以较多地节省发射卫星的能量；在极

① 什么是人造地球卫星轨道？国家航天局网站，2014 年 10 月 9 日。

地轨道上飞行的卫星每圈都经过南、北两极，气象卫星、导航卫星、地球资源卫星等需对全球进行反复观测的卫星，常采用这种轨道，实现全球覆盖。通信卫星、广播卫星及对固定地区进行长期连续观测的气象卫星等，常采用地球静止轨道；在太阳同步轨道上运行的卫星如果选择适当的发射时间，可使卫星飞过指定高度上空时始终有较好的光照条件，气象卫星、地球资源卫星、侦察卫星等对地观测卫星，一般采用太阳同步轨道。

地球同步轨道中有一个地位非常独特的成员，它是位于赤道上空离地面 35786 千米的地球静止轨道，它只有一条，因此极为宝贵。随着人造地球卫星数量的增多，地球静止轨道成为一种稀缺资源。运行在地球静止轨道上的人造地球卫星，其运转方向不仅与地球的自转方向相同，而且运转周期也与地球自转周期一致，因此，卫星与地球某一点处于相对静止状态，从地面上看，卫星就像是一颗镶嵌在太空中静止不动的璀璨明珠，借助它来实现地面站之间的通信，比常用的微波通信和电缆通信有诸多优越之处。比如，通信覆盖范围大，一颗同步卫星的通信范围可覆盖地表约 40%的面积，特别适合于幅员辽阔的国家；通信容量大，一颗通信卫星可携带多个转发器，可提供成千上万路电话；通信质量可靠，受地理和气象等条件的影响小，能实现陆地上任意两点之间，以及船舶之间、空中和地面之间的通信等。而且，由于具有相对地面静止不动的优势，对卫星的测控、姿态定向都比较方便，接收站的天线也可以固定对准卫星，易于连续观测并提供不间断的服务，而不必像跟踪那些移动不定的卫星一样四处“晃动”，使得通信时间时断时续。因此，一般通信卫星、广播卫星、气象卫星选用这种轨道比较有利。但是，地球静止轨道只有一条，每颗卫星都需要占有一定的物理轨道位置，因此在这一轨道上可以部署的卫星数量是有限的。由于卫星在该轨道上会受各种摄动因素的影响，因而会产生一定的漂移，即定点在某一标称经度上的地球静止轨道卫星，在一个经度窗口（现有技术水平下，经度区间为±0.1度）内漂移，因此，地球静止轨道最多能容纳1800（=360/0.2）颗卫星，而各国在国际电信联盟注册并分配的地球静止轨道卫星数量已经达到2000多颗，超过了理论上地球静止轨道可以容纳的卫星数量。处于相同或邻近位置的卫星若使用相同频率，会造成干扰，因此两颗卫星间必须间隔一定的经度以满足电磁兼容的要求，在同频段、同覆盖区的情况下，地球静止轨道卫星能兼容工作的空间间隔角度为2度至3度，这使得可以部署在地球静止轨道上的卫星数量更加有限。

相关链接

卫星频率轨道资源是所有卫星系统建立和建成后得以正常运行的前提和必要条件。为了充分、合理、有效地利用，并保证卫星等太空物体在进入外层空间和返回地球过程中，以及在外层空间运行时免受有害频率干扰，联合国及国际电信联盟制定了《外层空间宣言》《国际电信联盟组织法》《国际电信联盟公约》《无线电规则》等法规和管理规则，规定了国际电联的宗旨、组成、会员国和部门成员的权利和义务，规定了各类无线电业务可用的频段，以及空间频率轨道资源分配的规则和卫星业务的频率协调程序，以便用来保障各成员国使用无线电频率和轨道资源的权利和义务。

2. 空间轨道为探测器打开了通向深空的星际航线

航天器脱离地球引力进入太阳系航行，或是脱离太阳系引力到恒星际航行的飞行路线，称为星际航行轨道。星际航行轨道包括靠近目标行星飞行的飞跃轨道、环绕目标行星飞行的卫星轨道、在目标行星表面着陆的轨道、人造行星（绕太阳飞行）轨道，以及飞离太阳系的轨道。

星际航行轨道的开发，开辟了人类通向其他星球和更广阔星际空间的新路径，拓宽了人类探索太空的范围。如今人类利用空间探测器（又称深空探测器或宇宙探测器）探测地球以外天体和星际空间：在近地空间轨道上进行远距离空间探测；飞近目标天体进行近距离观测；作为目标天体的人造卫星进行长期观测；着陆目标天体进行实地考察或采集样品返回用于科学研究等。通过开展空间探测，人类可以研究太阳系的起源和演变历史，通过对太阳系各大行星及其卫星的考察研究，进一步揭示地球环境的形成和演变情况，探索生命的起源，利用宇宙空间的特殊环境进行各种科学实验等。空间探测器按探测目标的不同，包括月球探测器、行星及其卫星探测器、行星际探测器。美国、俄罗斯、欧洲、中国、日本和印度是世界上发射空间探测器的主要国家和地区。

月球是人类开展空间探测的第一站，主要航天国家的月球探测器相继踏上探月之旅。美国在月球探测方面起步很早，1958 年 8 月

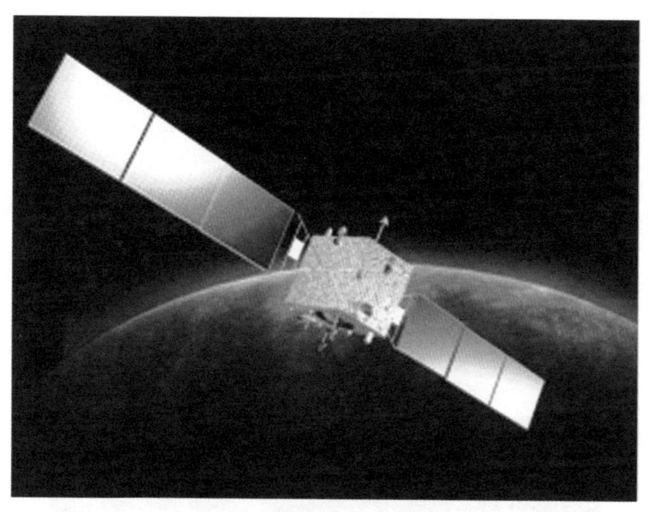

嫦娥 1 号月球探测器

发射的先驱者 0 号探测器，是人类历史上第一个深空探测器，之后发射了先驱者、徘徊者、勘测者、探险者、月球轨道器等系列月球探测器。1959 年，苏联成功发射了第一个飞越月球的探测器“月球 1 号”，之后陆续发射了“月球”和“探测器”系列月球探测器。进入 21 世纪，除美国和俄罗斯外，其他航天大国也相继发射月球探测器，如欧空局的“智能”、日本的“月亮女神”、中国的“嫦娥”、印度的“月船”等。

行星和行星际探测器将深空探索的触角伸得更远。20 世纪 60 年代以后，美国和苏联先后发射了行星和行星际探测器，分别探测了金星、火星、水星、木星和土星，以及行星际空间和彗星。如苏联/俄罗斯的金星、火星系列探测器，美国的先驱者、水手、维京、旅行者、麦哲伦、伽利略、尤利西斯、卡西尼-惠更斯、星尘、太阳神、信使、新视野、黎明、朱诺等探测器。1989 年美国发射的麦哲伦探测器，是人类历史上首个进入金星轨道的探测器；1989 年发射的伽利略号探测器，是首个进入木星轨道的探测器；2004 年，卡西尼轨道器成为首个进入土星轨道的探测器；2004 年发射的信使号探测器于 2011 年进入水星轨道，成为首个进入水星轨道的探测器。2010 年 6 月返回的日本“隼鸟”号，是世界首个小行星采样返回探测器。

卡西尼-惠更斯土星探测器

苏联在火星探测方面起步很早，1960 年发射的 Marsnik1 号探测器，是人类第一个飞往火星的探测器。美国的第一个火星探测器，是 1964 年发射的水手 3 号。近年来，美国发射了大量火星探测器，如奥德赛、漫游者、精神号、机遇号、凤凰号、好奇号等。欧空局也独立开展了一些探测计划，2003 年发射的火星快车/猎兔犬 2 火星探测器，成功实现了火星环绕探测。2014 年 9 月，印度首个火星探测器“曼加里安”号成功进入火星轨道。2011 年，中国首个火星探测器“萤火 1 号”和俄罗斯“福布斯—土壤”卫星一起，搭乘

“天顶”号运载火箭发射，后因俄方火星探测任务失败，“萤火 1 号”没有完成预定任务，但仍为火星探测作了技术储备，积累了宝贵经验。

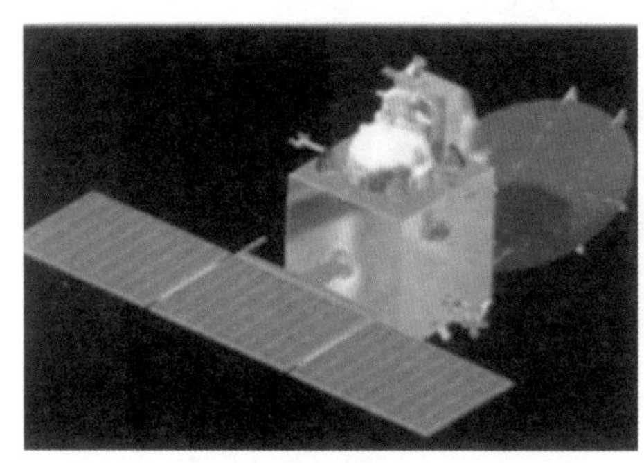

曼加里安号火星轨道探测器　　好奇号火星探测器

空间探测器不仅飞得远，速度还很快。1960 年 2 月苏联发射的金星 1 号探测器，成为航天史上第一个奔向其他星球的航天器，并一举突破了第二宇宙速度，达到了 11.2 千米/秒。1972 年 3 月，美国向太阳系外发射了先驱者 10 号，其目的是突破第三宇宙速度（16.7 千米/秒）。紧接着，先驱者 11 号、旅行者 1 号和 2 号，都接二连三地飞向太阳系之外。2006 年 1 月，美国新视野号探测器升空，单刀赴会，飞过星辰大海，横渡九年光阴，经过漫长而孤独的 48 亿千米，于 2015 年 7 月 14 日抵达冥王星，传回了近距离拍摄的冥王星的照片。新视野号探测器的实际速度高达 17.373 千米/秒，是目前人类历史上最快的空间探测器，它将继续前行，飞往太阳系之外。

太空为各类空间探测器打开了通向深空的星际航线。截至 2013 年 12 月 31 日，全球共进行了 238 次深空探测活动，苏联/俄罗斯和美国进行的深空探测活动的规模和次数（苏联/俄罗斯和美国的深

新视野号探测器

空探测次数分别为 123 次、91 次)，远超过其他国家。美国是唯一实现探测太阳系八大行星的国家，实现了深空探测的多个第一，在深空探测领域占有绝对领先地位。

相关链接

美国旅行者 1 号是一艘无人外太阳系太空探测器，重 815 千克，于 1977 年 9 月 5 日发射。2013 年 9 月 12 日，NASA 宣布了一个令人激动的消息：飞行了 36 年的无人太空探测器“旅行者 1 号”，已经飞出太阳系，进入了星际空间。科学家通过分析旅行者 1 号飞船上搭载仪器的显示记录，认为它近距离飞掠了木星、土星以及它们的卫星，已经冲出包围太阳系的日球层区域，并确认旅行者号飞船正式离开太阳系的大致发生时间是在 2012 年 8 月 25 日，旅行者 1 号当时距离地球约 121 个天文单位（一个天文单位是指地球到太阳之间的距离)。旅行者 1 号是至今飞离地球最远的人造飞行器，是真正意义上的飞出太阳系、首次正式进入星际空间的人造探测器。

随着空间技术的进步和发展，未来，更加小型化、多功能、智能化的空间探测器，以及更加先进的测量仪器和新的测量方法，将为太空资源开发利用提供重要支撑。

旅行者 1 号探测器

3. 空间轨道使人类畅游太空的梦想成为现实

“人游月边去，舟在空中行”，诗仙李白当年登山临水，挥毫写下这篇《送王屋山人魏万还王屋》时，不知可曾想到，如今现代的科技手段已经能够成功地实现他笔下那看似夸张的描绘、那曾经遥不可及的恢宏。把人类带入太空畅游星际，观赏太空旖旎的风光，既可以近距离地体会到“举杯邀明月”的畅快，还可以享受超重、失重等一系列新奇、刺激的体验，这种独特的旅行，令很多人心驰神往。

航天员是太空旅行的“先遣队”。自 1961 年 4 月 12 日苏联航天员加加林乘东方1号飞船进入太空以来，至今全世界已经进行了995人次的载人航天飞行，并创造了一个又一个奇迹。1963年，苏联女航天员捷列什科娃[①]乘东方6号飞船进入太空，打破了男航天员“一统天上”的局面；1965年，苏联航天员列昂诺夫出舱漫步，首开太空行走的先河；1984年，苏联女航天员萨维茨卡娅也到舱外“潇洒走一回”，成为世界上第一位名副其实的“女飞人”；技术高超的俄罗斯航天员索洛维耶夫太空行走次数最多，为修理和平号空间站共出舱10多次；俄罗斯医生波利亚科夫更是了不起，在太空待了438天；而俄罗斯航天员克里卡廖夫创造了人类在太空逗留时间最长纪录：805天！美国也不示弱，他们相继把12名航天员送上月球，至今令世人赞叹不已；罗斯和美籍华裔航天员张福林[②]先后7次进入太空，是世界上进行太空飞行次数最多的航天员；女航天员露西德不仅5次进入太空，而且还保持着188天的世界女子航天纪录；科林斯则是世界上第一位航天飞机女指令长和驾驶员，她在2005年航天飞机首次复飞时大展巾帼英雄的风采；单次太空行走时间最长的是美国航天员赫尔姆斯和沃斯，他们于2001年3月11日在太空行走8小时56分；在太空行走距离最远的是美国华裔航天员卢杰和俄罗斯航天员巴伦琴科，他们于2000年9月11日结伴在太空行走30.58米；美国人格林是年纪最大的航天员，他在77岁时还

① 瓦莲金娜·弗拉基米罗夫娜·捷列什科娃，苏联空军少将，人类历史上进入太空的第一位女性，两次被授予列宁勋章；荣获联合国和平金奖；月球背面的一座环形山以她的名字而命名。

② 张福林，美籍华裔航天员，麻省理工学院应用等离子物理学博士，1980年被NASA选为航天员，并于1986年执行首次太空飞行任务，至今已参与七次太空飞行任务。

到太空遨游。

"太空旅行"的商业项目起始于21世纪初期。2000年2月，国际私营企业米尔有限责任公司和俄罗斯"能源"航天公司签署协议，根据协议，俄罗斯和平号空间站被出租给米尔公司，该公司可对空间站资源进行商业开发。该协议的签订使得私营公司可以按照自己的意愿使用和平号空间站，其中包括组织自费的非专业人士进行首批亚轨道飞行，太空旅游业的第一块基石得以奠定。虽然2001年2月和平号空间站沉降于太平洋，但当时世界上唯一提供太空轨道观光飞行的政府机构——俄罗斯航天局，仍于2001年4月28日，将美国商人丹尼斯·蒂托送入了太空。4月30日，丹尼斯·蒂托进入国际空间站，成为历史上首位"太空游客"，丹尼斯·蒂托为此花费近2000万美元。此后在接下来的8年时间里，先后又有6名游客前往国际空间站，阿诺什·安萨里曾于2006年和2007年，连续两年参加了太空飞行。

2001~2009年到访国际空间站的"太空游客"

顺序	姓名	起飞日期/飞船
1	丹尼斯·蒂托	2001. 4. 28/联盟 TM-32
2	马克·理查德·沙特尔沃斯	2002. 4. 25/联盟 TM-34
3	格雷戈里·哈蒙德·奥尔森	2005. 10. 1/联盟 TMA-7
4	阿诺什·安萨里	2006. 8. 18/联盟 TMA-9 2007. 4. 7/联盟 TMA-10
5	查尔斯·西蒙尼	2007. 3. 26/联盟 TMA-14
6	理查德·艾伦·加里奥特	2008. 10. 12/联盟 TMA-13
7	盖·拉利伯特	2009. 9. 30/联盟 TMA-16

随着近年来国际商业航天的快速发展，世界上许多高端旅游企业积极寻求与宇航公司的合作，纷纷将“太空旅行”列入推广计划，并大幅降低旅行费用，畅游太空对于平民也许将不再是梦想，21 世纪的太空必将成为人类的又一旅游胜地，在不久的将来，神秘莫测的太空必将迎来一批又一批的观光客。

2013 年 12 月 27 日，中国一家名为“探索旅行”的旅游企业与荷兰商业太空航天公司“SXC”（Space Expedition Corporation）正式签约，将全球私人太空旅行项目引入了中国市场，面向中国用户接受预订。SXC 的私人太空旅行将使用美国 XCOR 宇航公司的山猫 1 号（LynxMarkI）和山猫 2 号（LynxMarkII）新型宇宙飞船，费用分为 9.5 万美元（飞行高度 61 千米）和 10 万美元（飞行高度 103 千米）两档。10 万美元的价格对应的服务内容，除了包含太空体验，还有包括酒店住宿、身体检查、飞行装备、飞行任务的照片和录像片段、航天员飞行训练课程等内容。

山猫 1 号新型宇宙飞船

美国设想开发低成本的商用旅游飞船——太空巴士，即一种运送游客往返于国际空间站与地面之间的双程轨道运输机，每次可坐20人左右。科学家们还提议研制核裂变动力火箭，这种新式火箭的重量仅为传统火箭的一半，但能提供同样大小的推力，因此有望将前往火星的时间缩短一半左右。

相关链接

NASA约翰格伦研究中心的工程师史坦利·博罗夫斯基提议制造一款名为“哥白尼（Copernicus）”的新型核反应宇宙飞船，用于2033年的火星探测任务。哥白尼号宇宙飞船将有一些独立的负载车辆和人员转移车辆，每台车辆都由一款核热推进设备提供动力。博罗夫斯基表示，目前，火星科学实验室携带“好奇”号火星车的宇宙飞船前往火星需要253天。而对哥白尼号宇宙飞船来说，在130天内到达火星简直是小菜一碟；让宇宙飞船携带更多推进剂，单程前往火星仅需100天；如果设备和负载先行被送入太空，甚至只需90天。

拉斯维加斯大型连锁店拥有人罗伯特·比奇洛打算把他的生意发展到太空。目前他已成功实施了两次试验性发射：2006年发射“创始1号”密封舱，2007年发射“创始2号”密封舱，两个舱均由比奇洛航天航空公司研制。将来，这种密封舱很可能成为太空游客们的娱乐场所。按照比奇洛的计划，他将在太空轨道上开设第一个商业型酒店，除具备酒店本身的功能外，还有一个科学实验室、一所大学或一个娱乐中心。日本清水公司与美国贝尔和特罗蒂公司的专家设计了一种太空宾馆，它将处于地球上空 450 千米的高度，形状犹如直径 140 米的大型游艺场，房间可供大约 100 名旅游者住宿。为避免太空旅游者因失重而产生不舒服的感觉，太空宾馆将每分钟自转 3 圈，从而产生类似地球的引力。

“创始 1 号” 模拟图

美国航天专家认为，参加旅游的人不一定要有运动员那样的体魄，只要经过一般的体格检查，体能达到一定状况就可以了。有人预测，2050 年后，“太空游客” 可以重现美国航天员登陆月球时创下的辉煌成就，漫步在月球之上，寻觅探险家的足迹。人们完全可以期待，有朝一日可像出差到外地一样收拾简单的行装，穿上航天服，搭乘宇宙飞船到太空遨游，入住太空宾馆，进行独特的度假。在旅行期间，“太空游客” 们可以通过专供无线电爱好者使用的频道同家人和朋友进行交流，他们听音乐、研究失重状态下自己的身体特性、透过舷窗观察地球并拍照、品尝太空食品、享受漂浮感、畅游于星际之间，甚至观光游览其他神秘星球。

二、太空提供观地望天的绝佳视野

1609 年，伽利略[①]第一次将望远镜对准茫茫太空，先后命名了两条月球上的山脉，绘制了第一幅月面图，发现了木星的卫星、土星的光环、太阳的黑子……正如哥伦布发现“新大陆”一样，伽利略发现了“新宇宙”。联合国为纪念伽利略首次使用望远镜观测天体 400 周年，将 2009 年确定为国际天文年。如今，人类已经具备了将观测的“天眼”放置在地球任何位置乃至发射升空的本领，外层空间被标记为具有全球视角的“终极高地”，为人类提供了一个绝佳的全球观测场所，使我们能在外层空间的高远位置俯瞰地球全貌和观测其他星体，结束了人类“坐地观地”和“坐地观天”的时代。

俗话说：站得高，看得远。人站在地面上，在天气晴朗、无障碍遮挡的条件下，目力所及也就是十几千米，乘飞机时所能看到的地面范围也不过几十平方千米。而外层空间拥有更加高远的地理位置，使人类拥有了更加开阔的视野，如围绕地球飞行的神舟飞船，其轨道高度在 300~400 千米之间，是一般民航客机飞行高度的 30~

① 伽利略（1564–1642 年），意大利数学家、物理学家、天文学家、科学革命的先驱。伽利略用望远镜观测天文，论证日心说，发现自由落体定律，发明摆针和温度计，为牛顿理论体系的建立奠定了基础，在科学上为人类做出了巨大贡献，是近代实验科学的奠基人之一。

40倍，航天员在这一高度上可谓是“一眼观全球”。空间位置越高，观测的视野就越宽，观测的范围就越大。在离地球200千米轨道上的人造地球卫星，可以看到14%的地球表面，在远离地面35786千米的地球静止轨道上的航天器，可以观察到约40%的地球表面。但并不是说，空间观测的位置越高，就越有利，因为太阳系以外的天体距离地球极远，以人类目前的技术，再增加空间高度也不能缩短距离和改善观测能力。同时，与地球的距离过大，还会造成联络信号的减弱。一般认为，航天器轨道资源的利用限度一般不超过赤道上空36000千米的范围。随着空间探测技术的发展，我们可以期待将视野拓展到宇宙深处。

在空间轨道上开展对地观测，是将遥感器装载在卫星、载人飞船、空间站等航天器上，借助于光学、红外、微波、激光等多种遥感技术，与地面应用系统配合，对地球进行大范围、多角度、高精度的观测，突破了传统观测场地在地理条件、观测手段上的局限，排除了大气层环境造成的诸多障碍，具有全球、全天时、全天候观测的优势，是在地面观测和利用其他手段观测无法比拟的。由于外层空间不存在像领空权那样的领天权问题，各国的卫星对地观测系统能不受观测范围和信息传递的区域限制，共同为应对全球性自然灾害、气象灾害、海洋灾害做出贡献，在遇到地震、台风、海啸等多国乃至跨洲的灾害性天气时，就能够实现信息的联动和共享，使观测到的信息能及时为全球而非某一地域服务。

相关知识

遥感技术是从人造地球卫星、飞机或其他飞行器上收集地物目标的电磁辐射信息，判认地球环境和资源的技术，是20世纪60年代在航空摄影和判读的基础上随航天技术和电子计算机技术的发展，而逐渐形成的综合性感测技术。

自从世界上第一颗人造地球卫星发射成功之后，人类从航空遥感进入到了航天遥感时代，使遥感观测具备了大范围、超高度、快速和多谱段的观测能力，广泛应用于国民经济和军事的诸多方面，并为我们的生产生活提供海量信息。随着航天技术和遥感技术的发展，人类利用空间高远位置资源，将多种用途的遥感卫星送上天。截至2013年年底，全球在轨遥感卫星（包括气象卫星）共有186颗，其中民用及商用遥感卫星151颗，占81%；军用遥感卫星35颗，占19%。全球有36个国家（地区）或组织拥有或与他国合作运营遥感卫星，中国独立拥有的遥感卫星数量最多，为49颗，占全球在轨遥感卫星数量的26%；其次是美国，独立运营30颗遥感卫星，占16%；印度、德国、俄罗斯、欧空局、日本等独立运营的遥感卫星数量分别为13颗、9颗、7颗、6颗、5颗。遥感卫星作为太空中的“千里眼”，从地球稠密大气层之外观察人类的生息之地，获取地球表面和稠密大气层内的各种信息，从根本上解决了人类要求快速甚至实时了解大面积或全球地面、海洋和稠密大气层状态的迫切需求，使许多领域发生了革命性的变化，对社会发展带来了深刻的影响，并带来了可观的经济效益。遥感卫星可广泛用于观测气候变化、陆地资源、农林资源、基础测绘、海洋资源、环境灾害和科学研究等。按照观测对象的不同，遥感卫星主要有陆地卫星、气象卫星和海洋卫星三大类。

如今，人类已经借助于陆地卫星、气象卫星和海洋卫星等，实现了对地球陆地、大气层和海洋的几百万、几千万到上亿平方千米的大面积观测，获得了从太空鸟瞰地球家园的遥感图像，看到了千里之外正在发生的事情，使古时候的“千里眼”神话变成了现实。

1. 陆地观测：太空中的“千里眼”

在太空中，人类借助于陆地资源卫星这一“千里眼”进行空间遥感对地观测，在防灾减灾、资源勘探、环境监测、农业估产、森林调查、公共安全、城市规划等领域，发挥了重要作用。如在空间轨道开展的高精度对地观测，已经可以快速追踪陆地上的火山爆发、森林大火、洪水、地震等自然灾害，及时清晰、准确地传回灾区影像，为减灾救灾提供第一手资料；能够快速识别某一地块的土壤湿度、岩石种类、森林植物和作物生长态势等，为地球资源勘探、环境、水文等的监测，提供重要的信息来源；能够监视和协助管理农、林、畜牧业和水利资源的合理使用，进行农作物的长势监测和产量预报，等等。

陆地卫星类的典型代表是美国 Landsat 卫星系列、法国 SPOT 卫星系列及 Pleiades 系列等。美国 Landsat 陆地卫星系列共研究开发了四代。从 1972 年发射的第一代陆地卫星，到 2013 年发射的第四代陆地卫星，长达40多年历史的Landsat系列卫星数据，在各种卫星遥感对地观测数据深入应用到各行各业的今天，无疑仍是应用最为广泛的，它们在全球尺度的生态环境变化监测中发挥了无可比拟的重要作用，只需16天就可以将整个地球覆盖一遍。自1986年以来，法国共发射了7颗SPOT卫星，目前SPOT-5、SPOT-6、SPOT-7均在轨运行，其中SPOT-5是世界上首颗具有立体成像能力的遥感卫星。SPOT-5之后，法国还发射了Pleiades1A、Pleiades1B。Pleiades是一种便捷、灵巧的高分辨率光学遥感卫星。随着2014年6月30日SPOT-7的发射成功，SPOT-6、SPOT-7与Pleiades1A、Pleiades1B组成四颗卫星星座，通过该星座可以实现对全球任意地点每日两次的重访。SPOT卫星可以提供大幅宽1.5米分辨率的影像，Pleiades可以针对特定目标区域提供0.5米分辨率的影像。中国自1999年以来，共发射过9颗资源系列卫星，广泛用于农业、林业、水利、海洋、环保、国土资源、城市规划、灾害监测等领域。

高分辨率类陆地卫星最具代表性的大多为商业化遥感系统。1999年9月，世界上第一颗高分辨率卫星IKONOS发射成功，开启了商业高分辨率遥感卫星的新时代，开拓了一条崭新、快捷、经济的获取最新基础地理信息的途径，同时也创立了全新的商业化卫星影像的标准。目前，几乎任何国家或个人都可以购买世界上任何地区的高分辨率卫星影像，人们只要点击鼠标，就能在网上浏览全球主要城市的高分辨率卫星影像。IKONOS是可采集1米分辨率全色和4米分辨率多光谱影像的商业卫星，时至今日，IKONOS卫星已采集世界范围内超过2.5亿平方千米、涉及五大洲的影像。2008年9月发射的商业对地观测卫星GeoEye-1，引发了高分辨率遥感卫星界一次爆炸性轰动。GeoEye-1卫星在680千米高的轨道上环绕地球运行，能清晰地拍摄到地面上直径0.4米物体的黑白照片和直径1.65米物体的彩色照片，并能每天40次以上将加密照片传送回地球。2007年发射的WorldView-1卫星轨道高度450千米，图像分辨率为全色0.5米。时隔两年后发射的WorldView-2卫星轨道高度770千米，每天一次扫描全球任何地点，全色图像分辨率达0.46米，多光谱分辨率达1.8米。目前，全球分辨率最高的卫星是2014年发射的WorldView-3，可从高度616.4千米的轨道拍摄与分辨地面0.3米的目标，该卫星还装配了先进的短波红外传感器，可以透过雾霾、烟尘以及其他空气颗粒进行精确的图像采集。

最大分辨率高达0.3米的WorldView-3卫星

2013年4月，中国高分辨率对地观测重大科技专项的首发星——高分1号卫星发射升空，可满足多种空间分辨率、多种光谱分辨率、多源遥感数据需求，大大提升了对地观测卫星的总体观测能力。2014年8月，高分2号卫星成功发射，其空间分辨率首次精确到1米，标志着中国遥感卫星进入了亚米级“高分时代”。

高分2号卫星

雷达卫星因其主动成像特性，具有穿透云雾、全天时、全天候获取能力，从而能够弥补光学卫星的不足，并且已经在多个行业领域得到较好应用。当前在轨运行的高分辨率雷达卫星的典型代表有美国“长曲棍球”Lacrosse卫星、德国SAR-Lupe卫星、意大利COSMO-Skymed卫星及加拿大Radarsat-2卫星。Lacrosse卫星是美国军用雷达成像侦察卫星，它不仅能跟踪舰船和装甲车辆的活动，监视机动或弹道导弹的动向，还能发现伪装的武器，识别假目标，甚至能穿透干燥的地表，发现藏在地下数米深处的设施。美国已经发射了5颗Lacrosse卫星，其分辨率从最初的1米提高到0.3米，已成为美国卫星侦察情报的主要来源。SAR-Lupe卫星是德国军事雷达卫星，是欧洲高分辨率天基成像雷达的首次应用，卫星搭载的雷达成像设备可在任何照明和气象条件下对地表设施进行观测和拍照，图像分辨率约为0.7米，能在成像指令发出后11小时内接收到卫星对全球任一地点拍摄的图像数据，还可以辨认运动中的汽车及飞机型号，并能识别地面“特殊设施”。COSMO-skymed卫星是意大利军、民两用新的地球观测系统，4颗运行在高度为619.6千米的太阳同步轨道上的X波段合成孔径雷达卫星组成的星座全天时、全天候地监测地球表面，最高分辨率为1米，侧重于对地中海国家的领土监视、地图测绘以及海岸线侵蚀、海洋污染、农业/林业资源评估等。加拿大Radarsat系列卫星为政府部门、科学研究机构及商业用户提供大量数据，在海洋、国土等领域做出了重要贡献，例如在2013年4月20日雅安地震中，Radarsat-2卫星在震后24小时内获取了3米高分辨率雷达卫星影像，并提供给相关部门。环境1号C星是中国首颗民用合成孔径雷达卫星，可协助环保部门开展大规模、快速、动态的生态环境监测及评价，跟踪突发环境污染事件的发生和发展，大大提高了中国的生态环境宏观监测的能力和水平。

2. 大气层观测：风云变得不再“莫测”

1960年，美国发射了泰罗斯1号卫星，在卫星上搭载了一台电视摄像机，从其拍摄的云图中发现了其对气象研究的价值，这颗卫星便成为了人类第一颗气象卫星。随之发展起来的静止轨道气象卫星，使人类对于天气的预报产生了革命性突破。

气象卫星是以搜集气象数据为主要任务的遥感卫星，为气象预报、台风形成和运动过程监测、冰雪覆盖监测和大气与空间物理研究等提供大量实时数据。运行在太空中的气象卫星，为大气水汽测量、全球三维大气温度、空气污染程度以及大气温室效应等的观测注入了新的活力。在没有气象卫星之前，人类主要是靠气球、无线电探测仪器和气象火箭，以及众多的气象站进行气象观测，测出当地的风速、风向、气温、气压、降雨量、日照和温度，每天测量数次，并把测量数据传输到气象局分析，做出预报。这些方式有很大的局限性。例如，气球只能探测低空的气象情况，气象火箭只能得到一个地区短时间的气象资料，另外，对人迹未至的地方的气象很难进行探测，这些因素均影响了气象预报的及时性和准确性。利用气象卫星的高远位置进行气象观测，可以弥补以上不足。气象卫星观测地域广、探测重复期短、数据汇集迅速，因而在天气预报和环境监测中能起到至关重要的作用。

经过50多年的发展，气象卫星在天气预报，特别是灾害天气预报中发挥了重要作用。目前，全世界有200多个国家和地区的气象和环境预报人员，通过免费接收来自气象卫星的实时云图和其他气象信息，每天为地球上70多亿人提供准确及时的例行天气预报和灾害天气报警。气象卫星观测地球大气层的风云变幻，可以比较精确地跟踪大气运动，成为动态监测各类突发灾害性天气的有力工具。特别是在缺少多普勒雷达资料的地区，利用气象卫星所获得的卫星云图是识别暴雪云区的演变和移动的唯一重要参考资料，能够较准确地预报较大降雪区的位置及变化。可以说，气象卫星在突发性自然灾害救灾服务中取得了可观的效益，被称作是空间开发利用带来的最大效益之一。如，准确地监测和预报台风曾一度非常困难，而现在，气象卫星能够观测全球各地发生的台风，并对其强度、影响范围、降雨量等进行有效监测，使台风的形成、发展、移动和强度等，变得一目了然。自从实现空间对地遥感观测以来，没漏过一次台风预报，并且由于气象卫星提前做出预报，地面据此采取及时有效的措施，大大减少了由台风造成的损失。

气象卫星主要有两类，一类是近地极轨道气象卫星，另一类是地球静止轨道气象卫星。全球部署在极地轨道和静止轨道的多颗气象卫星，共同组成了全球气象观测网，对地球大气、海洋和太空气象环境的变化进行日夜监视。

极轨气象卫星的轨道高度约 800～1500 千米，由于它是逆地球自转方向而与太阳同步，沿着太阳早升晚落的方向运行，故可称其为“太阳同步轨道气象卫星”。利用这类气象卫星可以进行全球观测，能清楚地获得天气系统细微结构和地表状况。极轨气象卫星重复观测周期较长，因此开展极轨气象卫星业务需要国际合作，形成多颗卫星的观测网，以提高观测数据的时间分辨率。极轨气象卫星的典型代表包括美国的 NOAA、DMSP 以及欧洲的 METOP 等。NOAA（即“诺阿”）和 DMSP（即“国防气象卫星计划”）卫星，分别是美国的民用和军用极轨气象卫星。NOAA 卫星目前在轨 4 颗。DMSP 卫星还有 6 颗在轨工作，包括第六代 2 颗和第七代 4

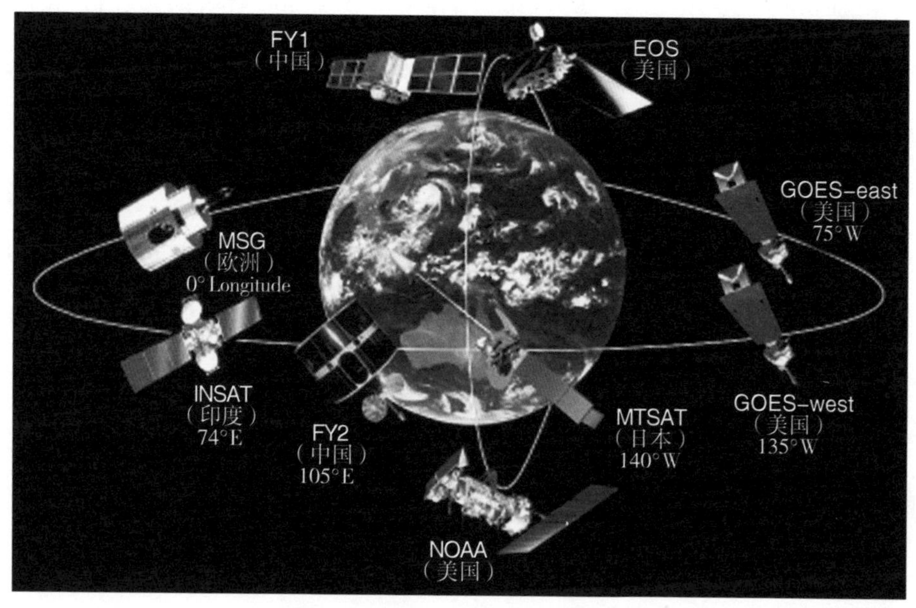

地球同步气象卫星监测网

颗。METOP（即“气象业务”）卫星是欧洲的极轨气象卫星。METOP 卫星和美国 NOAA 卫星组成初期“联合极轨业务系统”，进行气象卫星全球观测，METOP 卫星负责上午轨道，NOAA 卫星负责下午轨道。

地球静止轨道气象卫星的运行轨道平面与赤道平面重合，卫星在赤道上空运行，其旋转方向和快慢，完全与地球自转相同，从地面看，好像停止在赤道上方不动。要使它保持自转周期与地球一样，卫星高度必须达到约 35800 千米，因此这类卫星视野广阔，可对南纬 70°至北纬 70°，东西跨 140 个经度约占地表三分之一的圆形地区连续进行气象观测，一天可多次对大气层完成每次近 1 亿平方千米面积的观测，适用于监测变化快的天气系统。静止轨道气象卫星的典型代表主要有美国的 GOES、欧洲的 Meteosat、日本的 MTSAT 等。美国的静止轨道气象卫星 GOES 采用双星运行机制，分别部署于美国的东西海岸，GOES 系列共发射了 15 颗卫星。GOES 卫星系统可覆盖约 60% 的地球表面，保持 2 颗卫星每天 24 小时连续发送气象数据，它们日夜跟踪监视威胁美国的飓风从生成到登陆的全过程。如果没有这些“天眼”卫星，类似 2012 年席卷美国东海岸的飓风“桑迪”将会造成更大的生命财产损失。欧洲的 Meteosat 卫星共发展了两代，目前卫星覆盖范围包括非洲、欧洲以及亚洲地区，成像时间由第一代的 30 分钟缩短为 15 分钟，这些图像资料可以广泛运用于天气预报、气候监测、海洋监测、地表监测、臭氧监测以及自然灾害监测等方面。MTSAT 是日本第二代静止轨道气象卫星。该卫星除作为静止气象卫星覆盖东亚和西太平洋地区外，还具有航空管制功能。MTSAT-2 卫星每 30 分钟拍摄一次北半球图像，可在夜间辨别底层云雾，更准确地评估海面温度。

国际空间站发布飓风“亚瑟”太空照片

1988 年 9 月，中国成功发射了第一颗极轨气象卫星，1997 年 6 月，发射了第一颗静止轨道气象卫星，成为继美、苏之后世界上第三个自行研制并发射极轨道和静止轨道两种气象卫星的国家。中国的气象卫星命名为“风云”系列，其中“风云 1/3 号”等按奇数排列的卫星，为极轨气象卫星，“风云 2/4 号”等按偶数排列的卫星，为静止轨道气象卫星。风云系列气象卫星技术已达到国外同类卫星的先进水平，成为世界气象组织业务系统的重要业务卫星，与欧、美等国的气象卫星一起，形成了对地球大气、海洋和地表环境的全天候、立体、连续观测的卫星观测网，包括美国、欧洲国家在内的全球近百个国家和地区，接收和使用中国风云气象卫星资料和产品，风云系列气象卫星大大增强了人类对地球系统的综合观测能力。目前，风云气象卫星已经在天气预报、气候预测、自然灾害预测和环境监测、资源开发、信息传输、科学研究等多个重要领域，以及气象、海洋、农业、林业、水利、交通、航空、航天和军事等行业得到了广泛应用，在防范气象灾害及其衍生灾害、生态遥感监测和森林火灾监测预警、环境遥感监测和环境灾害监测预警、海洋遥感监测和海洋灾害监测预警、土地利用遥感监测和粮食产量监测预报等方面发挥了巨大作用，为防灾减灾和应对气候变化以及经济社会可持续发展作出了重要贡献。

3. 海洋观测：“坐看”潮起潮落

海洋覆盖地球表面积的 71%，蕴藏着丰富的资源。海洋之大、环境之复杂，欲用一般的方法开发海洋资源非常困难，迄今为止，人类对海洋资源的利用还不足 10%。随着空间遥感观测时代的到来，开发海洋资源、保护海洋环境、探索海洋奥秘等，有了更加有效的观测手段。如今已经可以实现对海面地形厘米级的高精度测量，精确给出海面温度、风、浪、海流等各种海洋物理参数，长期、连续地动态监测海洋初级生产力；通过对海洋重力场的变化监测，为预测地震和海啸等灾害提供重要信息；实现对海洋灾害大范围的实时监测，例如海洋赤潮，传统的监测方法只能对其局部地区进行监测，在空间轨道高度上，便可结合遥感技术，对赤潮有观测范围广、重复周期短的实时监测能力，能够准确地监测到发生在任何海域的赤潮现象。另外，可观测海水、浅海底地形、船舶等位置及形状，获取有关海上安全作业及海难救援信息等。可以预见，随着空间遥感观测的发展，将彻底改变海洋资源开发利用的方式和速度。

相关链接

1963 年 4 月 10 日，美国长尾鲨号核潜艇在大西洋距离波士顿港口 350 千米的海域突然沉没，艇上 129 人无一生还。是什么原因造成了这一灾难？事后通过对沉入海底的潜艇碎片的分析判断，得出沉没的原因是受海洋内波[①]的影响。实现空间遥感观测后，已完全可以实现对海洋内波的清晰捕捉，还可以有效地监测内波的位置、波高和波长，进而指导潜艇对有害内波的躲避。同理，还能实现对重力场、海洋环流以及海冰

① 一种重要的海水运动，它将海洋上层的能量传至深层，又把深层较冷的海水连同营养物带到较暖的浅层，促进生物的生息繁衍。海洋内波导致等密度面的波动，使声速的大小和方向均发生改变，有利于潜艇在水下隐藏，但海洋内波能够引发共振，对海上设施有破坏作用。

等的全面监测。这一革命性的进步不禁让人感叹，如果1912年人类能实现这样的观测，或许就不会上演“泰坦尼克号”的悲剧。

对海洋的空间遥感观测，要依靠太空中运行的海洋卫星。海洋卫星是以搜集海洋及其环境资源信息为主要任务的遥感卫星，按用途划分，海洋卫星通常可分为海洋水色卫星、海洋地形卫星、海洋动力环境卫星三类。

海洋水色卫星可对海洋水色要素，如叶绿素、悬浮泥沙和可溶性黄色物质等以及水温及其动态变化实施探测。美国于1978年发射了Nimbus-7卫星，星上搭载了一台试验性的海岸带水色仪，可用于海洋水色参数探测。该卫星运行8年后失效。之后，世界上很长时间没有海洋水色卫星，直到1997年美国发射了SeaStar海洋水色卫星。此后，海洋水色卫星或搭载卫星陆续发射，包括日本ADEOS-1、印度IRS-P3/P4、中国台湾ROCSAT-1和韩国KOMPSAT-1等。[①] 美国1999年发射的Terra综合应用卫星装有中分辨率成像光谱仪，含有海洋水色探测波段，可用于海洋水色探测。中国第一颗海洋水色卫星“海洋-1A”于2002年成功发射，实现了中国海洋卫星零的突破。该卫星为试验型业务卫星，主要用于海洋水色水温探测，获取中国近海及全球重点海域的叶绿素浓度、海表温度、悬浮泥沙含量、海冰覆盖范围、植被指数等动态要素信息以及珊瑚、岛礁、浅滩、海岸地貌特

① 《当代海洋卫星发展概况》，《国际太空》2002年第7期。

征。中国第二颗海洋水色卫星“海洋-1B”于2007年成功发射，实现了卫星由试验型向业务服务型过渡，卫星各项技术指标和功能有较大提高，实现了每天对中国近海和周边海域的实时监测，已成为日常的海洋公益服务、突发性海洋灾害的防灾减灾决策的重要技术支撑。

海洋水色卫星 SeaStar

海洋地形卫星可探测海面高度、有效波高、海洋重力场等信息。海洋地形卫星正式投入应用是在20世纪90年代。美国海军于1985年发射了Geosat海洋地形卫星，但由于卫星轨道误差大和数据保密等原因，没有得到广泛应用。直至1992年，美国和法国合作发射了Topex/Poseidon海洋地形卫星后，海洋地形卫星应用研究才在世界范围内广泛开展。Topex/Poseidon海洋地形卫星的后继卫星Jason-1、Jason-2亦分别于2001年12月和2008年6月发射。

海洋动力环境卫星可对海面风场、浪场、流场以及海表温度、盐度等进行观测。美国于1978年发射了SeaSat海洋动力环境卫星，该卫星运行三个多月后提前失效。在该卫星失效事隔13年后，欧空局才发射了ERS-1海洋动力环境卫星，之后又发射了ERS-2和其后继卫星ENVISAT。此外，日本ADEOS-1卫星上搭载有微波散射计，可用于海洋风监测；美国QuickScat卫星是监测海洋风场的专用卫星。2011年，中国第一颗海洋动力环境监测卫星“海洋-2”在太原卫星发射中心升空。该卫星集主、被动微波遥感器于一体，具有高精度测轨、定轨能力与全天候、全天时、全球探测能力，主要用于获得海面风场、海面高度场、浪场、海洋重力场、大洋环流和海表温度场等海洋动力环境参数，填补了中国实时获取海洋动力环境要素的空白，极大地提高了灾害性海况预报和警报水平。

4. 空间天文观测：拓展人类对宇宙的认识

外层空间高远位置，不仅能够为人类提供对地观测的绝佳视野，进行陆地、大气层、海洋等观测，还能满足人类对宇宙其他星体观测的愿望。

地球被一个厚厚的大气层包裹着，在地面上能够观测到的星空，仅仅是其发射出的可见光波段、部分无线电波段和少量其他电磁辐射“窗口”，而在整个电磁波谱中占据大部分波段的亚毫米波、X射线、γ射线以及宇宙带电粒子，均被地球大气阻挡。大气层中的O_3、O_2、O等对紫外线有强烈的吸收作用，使得在地面无法对天体的紫外线光谱进行观测；大气中的H_2O和CO_2分子等振动带和转动带，造成对红外波段的强烈吸收，使得地面只能观测到为数很少的几个红外波段；在射电段上，低层大气的水汽是短波的主要吸收因素，电离层的折射则将长波辐射反射回空间；至于 X、γ 射线，由于大气层的屏障作用则难以到达地面。[①] 自从人类将观测的视角拓展到太空后，便开创了“全波段”天文观测的时代，揭开了笼罩在人类头顶的迷雾，实现了天文学前沿研究的新突破。

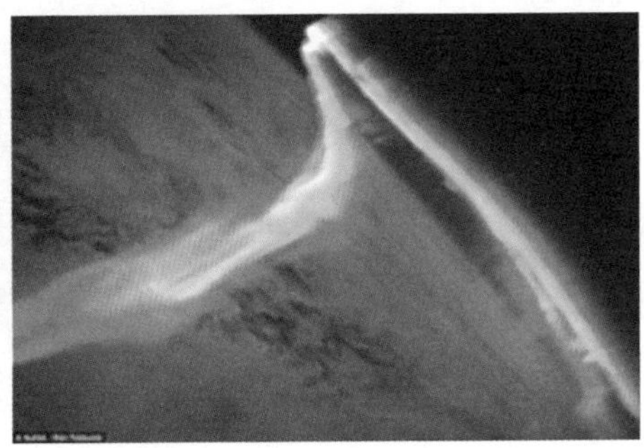

国际空间站观测到的极光

世界上第一颗天文卫星是 1960 年美国发射的太阳辐射监测卫星。此后，美国、苏联/俄罗斯、欧洲、日本、德国等国家和地区发射的各类空间天文观测航天器的总数已达几百颗，人类已把 γ 射线观测台、X 射线天体物理设施、红外望远镜设施、哈勃望远镜等送入太空，取得了丰硕的天文观测成果。仅以哈勃太空望远镜取得的成果为例：确认宇宙正在加速膨胀；证明多数星系中央存在超高质量的黑洞；发现了年轻恒星周围孕育行星的尘埃盘；揭示了已死亡的恒星周围气体壳的复杂组成；提供了宇宙中存在暗能量、暗物质的证据……这些天文观测成果将为人类更好地开发利用宇宙资源、探寻宇宙奥秘奠定了基础。

---

① 王大珩、潘厚任：《太空 · 地球 · 人类》，广西科学技术出版社，1993 年 1 月第 1 版，第 369~370 页。

相关链接

早在1946年，天文学家Lyman Spitzer就提出了太空望远镜的构想，但这个梦想直到1990年才实现。1990年4月，发现号航天飞机将以天文学家哈勃的名字命名的哈勃空间望远镜(HST)，送上了太空。哈勃望远镜是一个性能卓越的空间天文台，借助它可以观测到宇宙中140亿光年远的星体发出的光，能够单个地观测到星群中的任何一颗，还能分析银河系以外的其他星系，确定行星间、星系间的距离等。迄今为止，哈勃望远镜已经对深空中的2.6万个天体，拍摄了50万张以上的照片。

哈勃空间望远镜及其拍摄到的“太空美景”

5. 军事遥感观测：作战指挥的耳目

太空中运行的军事侦察卫星，已成为现代战争中作战指挥的耳目。它利用光电遥感器、雷达或无线电接收机等侦察设备，在空间轨道对目标实施侦察、监视或跟踪，并将搜集到的情报信息传送回地面，再经光学、电子设备和计算机等进行处理，从中提取有价值的情报。侦察卫星侦察面积大、范围广、速度快，可定期或连续地监视一个地区而不受国界和地理条件的限制，取得其他手段难以获得的情报，是现代战争指挥、监控的主要手段。

在几次现代战争中，军事侦察卫星起到了至关重要的作用，为作战部队提供及时、准确的敌方情报，显示出了强大的作战能力。

海湾战争让现代军事侦察卫星登上历史舞台。1991 年，美国在空袭伊拉克前几个月就通过电子侦察卫星搜集掌握了大量的伊军情报。利用这些情报，在空袭前几十分钟，美国开始对伊拉克开展电子战，使伊军大部分雷达受到强烈干扰而无法正常工作，无线电通信全部瘫痪。战争中，美国“爱国者”导弹在侦察预警卫星的帮助下，有效拦截了伊拉克发射的“飞毛腿”战术弹道导弹。“飞毛腿”从伊拉克打到以色列的特拉维夫仅需 5 分钟，给防空导弹留下的拦截时间很短，而美国预警卫星在“飞毛腿”发射后 1 分钟之内，就可以向海湾地区的美军指挥部报警并提供飞行数据。

“沙漠之狐”行动彰显了军事侦察卫星的作战威力。1998 年 12 月，美国、英国对伊拉克实施了“沙漠之狐”行动。美国的高级 KH-11（锁眼）高分辨率侦察卫星、雷达侦察卫星和海洋监视卫星在战前战场准备阶段和战时打击中，发挥了非常重要的作用。美军利用电子侦察卫星窃听伊拉克通信，利用卫星侦察手段获取的信息，使美空军能向飞行员提供详细的伊拉克目标地域和特定建筑物高分辨率图像和坐标数据，实现对目标的精确攻击。

阿富汗战场上军事侦察卫星将战场信息“尽收眼底”。2001 年在阿富汗战场上，多种军事侦察卫星为美军事行动提供了支援："锁眼"侦察卫星获取了大量军事情报信息；雷达成像卫星利用微波穿透云层，详细扫描地面情况；多个联合侦察卫星，提供更加全面而详细的战场态势；电子侦察卫星广泛监听和收集战场上的各类无线电信息；海洋监测卫星及时观察和掌握海上船只的动向。①

三、太空使全球信息交互实现"零距离"

公元前 490 年，希腊人在马拉松平原同敌军作战取得了胜利，士兵菲迪皮茨为了把这一好消息送到雅典，从马拉松平原不停歇地跑到雅典（全程 42.195 千米），报捷后不幸去世。为了纪念历史上这一事件，1896 年在希腊雅典举行的近代第一届奥林匹克运动会中，就用这个距离作为一个竞赛项目，定名为马拉松赛跑。

如今，马拉松赛跑已成为人类坚韧与耐劳的象征。但传递信息的"信使"不再以人为主，而是通过无线电波进行，特别是在 1965 年，美国发射了世界上第一颗商用静止轨道通信卫星"国际通信卫星 1 号"之后，通信广播卫星作为太空中无线电通信的中继站，把信息通信的"邮递"业务拓展到了太空，万里高空便开始有了"太空邮递员"。

通信广播卫星是通信卫星和广播卫星的统称。通信卫星是用作无线电通信中继站的人造地球卫星，通过转发无线电信号，实现卫星通信地球站（包括手机终端等）之间或地球站与航天

① 王永刚、刘玉文：《军事卫星及应用概论》，国防工业出版社，第 209~210 页。

器之间的通信。广播卫星由通信卫星发展而来，但广播卫星不必经过地面站，可以直接向用户转播电视及其他服务。通信广播卫星分布在地球静止轨道、大椭圆轨道、中轨道和低轨道上，在军事、民用和商业中具有广泛用途。运行在高高的太空中的通信广播卫星，不受天气状况、隔山跨海等条件的限制，借助于高位置实现对地大面积覆盖，可以迅速将收集的大量信息，精确、稳定地发送到覆盖范围内的任何一点。尤其是位于高达 36000 千米的静止轨道通信卫星，覆盖面大，仅一颗卫星就能够承担三分之一地球表面的通信，在地球赤道上空放置 3 颗地球同步定点卫星，就可进行全球通信，而且传输速度只需瞬间，极大地促进了全球信息交互，实现了英国科幻小说家阿瑟·克拉克早在 1945 年的预言。

相关链接

英国作家阿瑟·克拉克（1917–2008 年）是 20 世纪最著名的科幻大师和伟大的太空预言家，同时也是一位科学家及国际通信卫星的奠基人。1945 年，他在《地外中继》一书中，首次提出了要利用地球轨道上空的同步卫星传送通信信号的设想。通信卫星所运行的轨道，后来被国际天文学联合会命名为“克拉克轨道”。阿瑟·克拉克预言和提出地球同步轨道通信卫星、太阳帆的设想，以细腻笔法勾勒太空电梯、木星气球探测器和星际飞船等技术细节，这些曾经被认为遥不可及的目标，如今有的已经实现，有的被认为只要有足够经费，也定然能够实现。

根据UCS卫星数据库的统计，截至2014年1月底，全球在轨运行的通信广播卫星共有615颗，约占全部在轨卫星总数的一半。全球有38个国家和地区拥有（运营）通信卫星，其中，美国317颗，俄罗斯57颗，英国27颗，中国23颗，多国合作运营的卫星39颗。从轨道分布看，位于高轨道（地球静止轨道）的通信广播卫星最多，数量高达398颗，占通信广播卫星总数的65%，其次为低轨道卫星，有204颗，中轨道和椭圆轨道上的卫星数量较少（占比仅为2%）；用于商业用途的通信广播卫星377颗，占通信广播卫星总数的61%，其次为军事用途卫星90颗，占15%，民用卫星47颗，占8%。此外还有民商两用卫星88颗，以及军民商同用卫星13颗。目前，各类通信广播卫星呈现多样化发展，以满足不同通信用户的固定、移动、数据中继等通信应用需求。美、欧等国家发展了多种通信广播卫星系统，形成了完备的通信广播卫星系统体系。通信广播卫星的覆盖范围从区域扩展到全球，工作频段从移动通信的L、S频段到固定通信的C、Ku、Ka频段，业务能力从移动用户的中低速率话音服务到固定用户的高速率视频等多媒体服务。

1984年4月8日，中国首颗通信卫星“东方红-2”顺利升空，成为世界上第五个独立研制、发射和运行地球静止轨道卫星的国家。当前，中国通信卫星覆盖范围已经辐射到全球80%以上的地区。中国用于卫星固定通信业务的通信广播卫星资源正在为国内和亚太地区用户提供良好服务。中国已建立起的卫星通信网，能够基本满足相关业务需要，并对地面通信网起到补充和应急备份作用。

未来中国在满足各领域日益增长需要、进一步拓展传统固定通信业务的同时，将开发建设卫星宽带通信、卫星移动通信等具有广阔发展空间和前景的新兴领域。

相关链接

世界上具备独立制造通信卫星能力的国家只有15个，目前在轨通信卫星中，美国制造的通信卫星最多（387颗），其次是法国（91颗，其中55颗为独立制造，36颗为多国合作）、俄罗斯（57颗）、意大利（29颗），中国制造的通信卫星有17颗。

各种类型的通信广播卫星已成为现代通信的重要手段，可提供包括电话、传真、电视、广播、计算机联网等上百种服务，为人类开通了一个畅通无阻的信息获取和传播通道，实现了通信领域的重大变革，在电视广播、应急通信、海洋通信、航空业务以及军事应用等方面均发挥着重要作用。

1. 电视广播信号传输

“经由卫星实况转播”是人类对空间轨道资源利用取得巨大成就的典型标志，利用在轨运行的卫星，接收地面站发射的电视广播信号，再把它精准地转发到卫星覆盖面积中的任意指定区域，克服了传统信号传播手段中电波传输和地面站建设受自然地理条件限制较多等的影响，实现跨省、跨境乃至跨洲的电视广播信号传输，用电波把整个世界快速准确地联系在一起，而且这种联系已经成为人们生活中的必需品。

美国 DBS 电视直播卫星

1963 年，美国和日本通过卫星，第一次进行了横跨太平洋的电视信号传输。1974 年卫星电视直播技术首先在美国试播成功，至此，人类开启了利用卫星进行远距离电视广播节目直播的时代。目前，卫星数字视频广播业务（DVB-S）已在世界范围内取得了广泛而成功的应用，世界全部的洲际电视转播都由卫星承担。一般来说，仅一颗卫星就可以向世界各地的家庭用户直播上百套电视节目，使人们能够看到万里之外节目的现场直播，特别是利用卫星的大面积覆盖，对边远山区和环境恶劣地区传输广播电视信息，有助于解决这些地区获取资讯的难题。如中国为解决广大农村地区长期无法收听广播、观看电视的问题，开展了直播卫星“户户通”工程，使中国在不到 3 年的时间里，成为了全世界最大的卫星电视直播平台。截至 2015 年 2 月初，全国直播卫星“户户通”用户突破

2000 万户，近 8000 万农民群众享受到了国家广播电视公共服务[①]，信号质量也正从标清迈进高清。继陆地实施“村村通”“户户通”工程后，这一工程还实现了向海洋的延伸，通过“船船通”工程，在每条渔船上，安装船载卫星接收天线，解决海上长期作业人员无法及时获取资讯的难题。

相关链接

“中星 9 号”是中国大功率、高可靠、长寿命的广播电视直播卫星，发射总功率达到 11kW，共携带有 28 个 Ku 波段转发器，满载荷工作时可以播出超过 200 套的高清、标清电视节目和数百套广播节目，同时还可以传送大量的数据业务，其信号可覆盖中国全部国土。作为一种新的广播电视覆盖方式，低成本、大容量、广覆盖的“中星 9 号”，将发挥无可比拟的作用。

随着宽带互联网的迅速发展，利用卫星数字广播通信平台实现高速网络接入和交互式多媒体业务成为一种趋势，地面接收终端也从收音机、电视，扩展到电脑、手机等更为轻便易携的设备，为人类的生活带来了极大的便利和大量丰富的实时信息。2011 年 5 月，欧洲通信卫星公司运营的欧洲首颗高容量 Ka 波段宽带通信卫星 Ka-sat开始提供新一代宽带服务，至 2012 年年底，该宽带服务已在欧洲及地中海盆地 30 个国家的市场上进行推广，订户超过 7.2 万户，并占有欧洲 Ka 波段卫星宽带服务市场的最大份额。2011 年 10

① 《卫星应用》2015 年第 3 期：国内动态。

月，美国卫讯公司发射的 Viasat-1 号大容量通信卫星，可以满足200 万以上用户的宽带卫星通信接入需要，该卫星能为北美和夏威夷群岛地区的用户提供全面的宽带互联网通信服务。

2. 应急通信

“天有不测风云，人有旦夕祸福”。人类总会面临一些无法预测的突发事件，尤其是一些重大的自然灾害发生以后，受灾区地面通信系统及设施遭受严重破坏，且道路不通、供电中断等不利条件的影响，灾区的信息传输和救援工作更趋复杂。而远离地球表面在空间轨道上运行的通信卫星，以其不受地面条件限制，覆盖面广、信号稳定、不间断通信等独特优势，能在灾区救援和重建过程中发挥巨大的作用，是所有可用应急通信技术手段中最及时可靠的一种。当紧急情况发生后，使用卫星通信终端可以和任何卫星覆盖区域的终端或指挥调度中心进行通话，传递声音、数据、图像等信息，基于卫星的手持、便携、车载、机载等卫星通信设备，以及具备卫星传输通道的交换车、基站车，公网基础设施中的部分具备高抗毁性能的基站等，都能通过启用卫星传输通道的功能，部分缓解灾区公众通信的紧张状况，完成救灾现场第一手信息资料的对外传送，极大地减少灾害发生地区的人员和财产损失，是应急救灾体系中不可替代的法宝。如近年中国在汶川、玉树、芦山等地发生的地震救援工作中，卫星通信在此发挥了至关重要的作用。北京时间 2008 年 5 月 12 日 14 时 28 分，四川省汶川地区发生了里氏 8.0 级地震。地震发生后，地面通信设备遭到极大破坏，灾区的指挥调度和救援工作一度无法展开。在距离地震发生 147 小时后，7 个重灾区的对外移动通信才全部完成抢修。而高悬于太空的卫星是当时灾区唯一畅通的通信设备，映秀镇打出的第一个电话就是卫星电话。在这次地震中，各种卫星通信车、VAST 终端站、卫星手机等进入灾区，为救援通信指挥提供了坚强保障。

移动通信基站在震灾中毁坏严重

3. 航海、航空通信

1976 年卫星开始在海上通信中获得应用，海事卫星通信系统（Inmarsat）的建成，为航海提供了信息获取和交互的理想方式。在此之前，由于江河湖海上没有如同地面一样的信号发射塔，缺乏有效的通信手段，使船岸之间的信息交流十分困难，海上工程船舶是漂浮的信息孤岛，但航道复杂，会对信号传播造成一定阻碍。如今，卫星移动通信能够满足海上日常通信、护航、营救、捕鱼以及军事行动等一系列需求，提高了船舶使用效率和管理水平，改善了海上通信业务和无线电定位能力。将导航与通信集成的卫星，还能为解决船岸一体化提供可行的技术途径。

相关链接

1976 年，海事卫星通信系统的诞生，宣告了卫星通信发展的一个新阶段——卫星移动通信的到来。该卫星通信系统分布于地球静止轨道。目前在轨卫星发展到第四代“Inmarsat-4”，由 3 颗静止轨道卫星组成空间段，是首个提供全球 3G 服务的卫星通信系统，2008 年开始提供服务。Inmarsat 支持业务较为广泛，可用于支持电话、传真、数据和图像传输、以及遇险安全通信等，能够为海事遇险救助和较大的自然灾害，提供免费的通信服务。

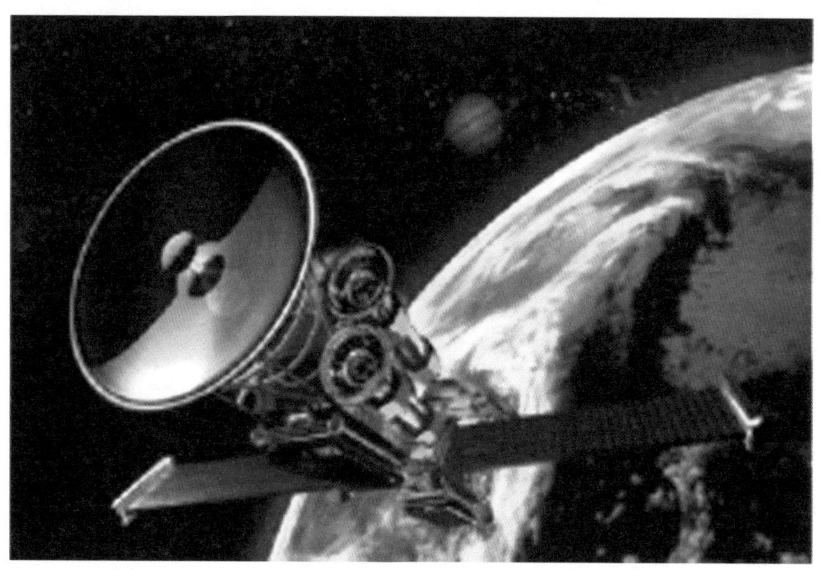

海事卫星通信系统

当飞机跨洋飞行时，空地高频无线通信受通信距离的限制较大，而卫星通信正好可以为高速运动的飞行器提供连续的覆盖。另外，由于担心在飞机上使用手机、电脑等设备与地面站的信号连接，会干扰空中电子设备或信号的传送与接收，飞机上的旅客处于“通信空白区”。近年来，在航空平台下对稳定通信服务的需求愈发迫切，因此，航空移动卫星通信应运而生。经由卫星实现的航空通信，克服了传统手段受距离、天气以及稳定性等方面的限制，尤其是对飞机正常通信和导航信号的影响，并且具有通信容量大、传输质量高、信号稳定性好等优势，能为飞机与运行控制中心之间建立及时、可靠的语音通信联系，改变以往飞机驾驶舱与地面通信依赖高频无线电开展语音对话的状况，实现视频互通，进一步增强航管信息化，提升飞行的安全性。同时，更为旅客提供了多功能的服务体验。目前，已经有包括 Inmarsat、波音联接、Viasat Yonder、GSMOB、Gogo 等多套系统为部分航线或空域提供了宽带连接、语音通话、短信收发、视频会议乃至电视直播等多种服务。中国在 2013 年也推出了航空器客舱卫星宽带通信服务系统，未来将建立统一的卫星通信平台，为民航提供客舱卫星宽带通信服务。

4. 军事通信

军事通信卫星为现代战争建起高速、安全、便捷的信息高速公路，它的覆盖区域很广，可以让分布在世界各地的用户快速、有效地交换信息，为军队提供通信线路，为指挥机关控制和指挥军队提供通信网络。在近来的多次军事行动中，通信卫星系统为三军特种部队、战略导弹部队、战略防御、战区防御和空间对抗等提供信息服务，同时也为侦察卫星、预警卫星和其他卫星提供数据中继服务。①

在以电子信息为特征的海湾战争中，美军及其盟军共动用了 9 个系列共 23 颗通信卫星，作为连接美国总部与海湾前线的指挥手段。其中，国防卫星通信系统主要对海湾地区部队实施指挥控制，是与美国本土、欧洲以及太平洋地区进行远程通信的支柱。在地面战争开始时，开通了 105 条连接美国与欧洲多个战区的远程通信线路，即每 500 人的军队就有一条话音信道。到海湾战争结束时，该系统提供的战区内和战区间的多路通信业务占美军通信总量的 75% 以上。战争期间，美军还搭建了舰队远程通信网，为在海湾作战的舰船提供高速数据通信，其通信量占海军总通信量的 95%。② 该系统还为空军转发保密信息数据，并与陆军地面机动部队沟通联系，提高了海陆空协同作战能力。

目前，美国、俄罗斯、欧洲、日本、印度等国家和地区积极部署性能先进的军事通信卫星。美国部署“宽带全球卫星通信”（WGS）、新一代“先进极高频”（AEHF）和“移动用户目标系统”（MUOS）军用通信卫星。WGS 卫星星座计划部署 10 颗，2013 年 5 月和 8 月，WGS 系统第二批次的最后 2 颗卫星相继成功部署，在轨

① 张旭荣、张明国：《国外军事卫星的军事应用及威胁分析》，《中国空间科学学会空间探测专业委员会第十九次学术会议论文集》，2006 年 10 月。

② 李建、葛本利：《浅析卫星在现在战争中的作用》，《数字通信世界》2009 年第 6 期。

卫星数量已达6颗，按计划还将继续部署4颗WGS卫星。AEHF安全卫星通信系统计划由8颗卫星组成，2013年9月，第三颗AEHF卫星成功部署。2013年7月，第二颗MUOS卫星成功部署。俄罗斯部署改进型“彩虹”-1M（Raduga-1M）、“泉水”（Rodnik）通信卫星。2013年11月，俄罗斯最新一颗“彩虹”-1M通信卫星成功发射入轨，卫星搭载有C、L和X频段转发器，可提供固定通信、移动通信等服务，可直接连接俄罗斯空军、海军的战役战术指挥层。2013年1月和12月，俄罗斯通过2次发射任务共发射6颗“泉水”低轨通信卫星，其中4颗卫星成功入轨。欧盟规划具备部分战略卫星通信能力的泛欧系统。根据规划，欧洲国家（英国、法国、德国、意大利和西班牙）的卫星通信能力分为3个层次，分别是各国的军事卫星通信、泛欧的政府卫星通信和基于商业卫星的民用卫星通信。印度成功部署首颗专用军事通信卫星“地球静止轨道卫星”-7（GSAT-7）。2013年8月，GSAT-7卫星搭乘阿里安-5运载火箭从法属圭亚那库鲁航天发射场顺利发射入轨，卫星以特高频载荷服务于印度海军的小型和移动终端。

四、太空开启了测量和导航的新纪元

1957年，美国两位科学家在跟踪苏联的第一颗卫星时无意中发现，他们收到的无线电信号有多普勒频移效应，即卫星在飞近地面接收机时收到的无线电频率会逐渐增高，飞远时则逐渐降低。科学家由此引发灵感，卫星轨道可由地面站测得的多普勒频移曲线确定，若知道卫星的精确轨道，就能确定地面接收机的位置。从此，一种先进的导航技术——卫星导航技术悄然兴起。

利用太空高远位置资源，人类制造了导航卫星，并开发了用于导航定位的全球卫星导航定位系统。导航卫星是从卫星上连续发射无线电信号，为地面、海洋、空中和空间用户导航定位的人造地球卫星。导航卫星也分布在低轨道、中高轨道和地球同步轨道上，导航方法既有多普勒测速导航，也有时差测距导航；根据是否接受用户信号，有主动式导航卫星和被动式导航卫星。全球导航系统是由多颗导航卫星构成的卫星星座，具有全球和近地空间的立体覆盖能力，从而实现全球无线电导航。美国全球定位系统（GPS）、俄罗斯格洛纳斯系统（GLONASS）、中国北斗卫星导航系统（BDS）和欧洲伽利略系统（Galileo），构成了当今世界四大全球导航定位系统。

全球定位系统（GPS）是1973年开始由美国陆、海、空三军联合研制的新一代空间卫星导航定位系统。经过20余年的研究实验，1995年，对全球覆盖率高达98%的24颗GPS卫星星座已布设完成并达到全运行能力。GPS是至今建设最为成熟的卫星导航定位系统。该系统建设的主要任务和目的是为美国陆、海、空三军以及民用领域提供全天候、实时的导航定位、测速、授时等服务，并用于情报收集和应急通信等一些军事目的，同时具有星间通信能力。与第二代GPS卫星相比，目前正在开展GPS现代化改造计划的GPS BLOCK-III提高了抗干扰能力，加强了安全性，提高了导航、定位与授时服务的精度，并且能够与伽利略系统实现互操作。按照 GPS 现代化改造计划的目标，建成后的 BLOCK -III 卫星导航系统可以满足 2030 年军用与民用导航需求。GLONASS 全球导航卫星系统是由苏联国防部 1976 年开始独立研制和控制的第二代卫星导航系统，系统建设的任务是为全球海、陆、空以及近地空间的各种军、民用户全天候、连续地提供高精度的三维位置、三维速度和时间信息。欧洲 Galileo 卫星导航系统是欧盟正在建造中的欧洲自主、独立研制和控制的全球多模式卫星定位系统，到 2015 年 3 月有 8 颗卫星在轨运行。

美国（GPS） 俄罗斯（GLONASS） 欧盟（Galileo） 中国北斗（BDS）

全球四大卫星导航系统

中国北斗卫星导航系统是正在实施的自主建设、独立运行，并与世界其他卫星导航系统兼容共用的全球卫星导航系统。2000 年初步建成了北斗卫星导航试验系统（北斗一代），2011 年 12 月 27 日起，北斗系统开始提供连续导航定位与授时服务。一年后，北斗系统正式开始向亚太地区提供无源定位、导航、授时的区域服务。北斗区域系统由 5 颗地球静止轨道卫星、5 颗倾斜地球同步轨道卫星和 4 颗中圆轨道卫星组成。北斗系统将在区域系统组网和试验的基础上，逐步扩展为全球卫星导航系统。2015 年 3 月 30 日，中国在西昌卫星发射中心成功地将第 17 颗北斗导航卫星发射升空，标志着中国北斗卫星导航系统开始由区域运行向全球拓展。根据系统建设总体规划，2020 年左右建成覆盖全球的北斗卫星导航系统，将为全球用户提供卫星定位、测速和授时服务，并为中国及周边地区用户提供定位精度优于 1 米的广域差分服务和 120 个汉字/次的短报文通信服务。“北斗 1 号”系统（北斗卫星导航试验系统）自 2003 年正式提供服务以来，在国家安全、交通运输、气象测报、海洋渔业、水文监测、森林防火、通信时统、电力调度、减灾救灾等各个领域，得到了广泛应用并产生了显著的社会和经济效益。尤其是在南方冰冻灾害、四川汶川和青海玉树地震的抗震减灾、北京奥运会和上海世博会等重大活动中，发挥了举足轻重的作用。

截至 2014 年 1 月底，全球在轨导航卫星有 94 颗，其中 82 颗同时具备导航和定位功能（美国 GPS 系统 32 颗，俄罗斯 GLONASS 系统 31 颗，中国北斗系统 15 颗，欧洲 Galileo 系统 4 颗），其余 12 颗仅具有导航功能（包括日本 QZS-1 和印度IRNSS-1A 区域增强系统共 2 颗，以及俄罗斯 PARUS 系统 10 颗）。从轨道分布上看，数量最多的是中轨道卫星 72 颗，占总数的 77%；高轨道卫星 12 颗；低轨道卫星 10 颗。从军、民、商的用途上看，军、商两用 63 颗，军用 25 颗，商用 4 颗，民用 2 颗。卫星导航产业带来了可观的经济收益，2013 年全球卫星导航产业收入为 710 亿美元，其中导航设备收入为 700 亿美元，卫星导航产业的主要收入来源于汽车产业。

如今，在通信、遥感、地理信息系统及计算机等技术迅猛发展的推动下，卫星导航定位系统作为现代测量、导航、定位的重要技术和手段，已广泛应用于国民经济的各个领域，开启了人类定位测量和导航定位的新纪元。

1. 卫星定位测量

卫星定位测量带来了测绘、测量技术和工作方式的重大变革。凭借轨道高远位置的优势，卫星在定位测量中所显现出宽覆盖能力、快速重访周期、强穿透力等强大功能，能克服天气、海洋、高山、荒漠等阻隔所造成的测量困难，解决因障碍物高度、恶劣地形等导致无法进行传统测量的问题。如今，卫星通过对地面上的物体进行地面监控并测量其三维坐标，为大地测量、工程测量、海洋测量、城市测量等提供更加精确、快捷的测量技术，目前已广泛服务于社会经济发展和国民经济建设的多个领域。

（1）大地测量。卫星定位测量的应用，为快速获取全时空尺度的地球动态变化信息提供了可能，在地球科学及其应用方面显现出巨大潜力。如快速获得定点的三维立体地理信息，大大提高了大比例尺地图绘制的效率与精度；对地球重力场空间分辨率、时效性和精度等方面测量均超过地面几十年的综合观测结果；对大地水准面（海水静止时形成的等位面）的测量精度达到厘米级，了解地球内部物理结构，包括与地球动力学相关的岩石圈、地壳组成等。

（2）工程测量。卫星定位测量目前已较为广泛地应用于工程测量中。如：满足工程变形情况对三维定位的高精度要求，确保测量的准确性、效率性和安全性；提高公路、铁路桥梁的选址测量、放样等工作效率和效果；改善传统海港建设在水下地形测绘中设备操作复杂、对条件要求极高的状况，提高测量的简易化操作和自动化水平。

（3）海洋测量。采用卫星测量方式对海洋进行测量，突破了传统测量手段的多重限制，如实现了快速、连续的全球海面覆盖，测定海洋水深、矿产资源分布、冰盖厚度等信息；开展海上产业、渔业管理、海洋哺乳动物研究；监测重要的海洋周期变化，海洋环流和海平面信息，预测海上气象灾害；以厘米级的精度实现了海上目标搜救与沉船打捞等工作。

（4）城市测量。卫星定位测量技术彻底改变了传统城市测量的布网方法、作业手段和程序。在定位测量时，监测点之间不要求通视、无需造标、不受天气条件的影响，可以直接、快速地获取高精度、动态的城市基础信息数据，确保数据在整个城市范围内的统一和完整，目前已广泛应用于城市地图更新、数字地理空间建设、基础地理信息服务等方面，为城市建设提供坚实保障。

相关链接

GPS 定位原理：GPS 定位是根据测量中的距离交会定点原理实现的。在待测点设置 GPS 接收机，在某一时刻同时接收到 4 颗（或 4 颗以上）卫星所发出的信号。通过数据处理和计算，可求得该时刻接收机天线中心（测站点）至卫星的距离，根据卫星星历数据可查到该时刻卫星所处位置，便可相应地推算出接收机的位置和速度等信息。

2. 卫星导航定位

卫星导航定位系统通过提供全球覆盖的精密授时、双向通信、快速定位服务，使在地球上的任何时间、地点和天气状况下，用户只要具有能够接收卫星信号的服务终端，就能轻松确定自身所在的位置和方向，为人们的生活带来巨大便利，实现三维导航，为陆地的步行者、车辆，海上的船只，大气层内乃至大气层以外的飞行器提供更可靠的导航定位服务。卫星导航定位已广泛服务于公路运输、轨道交通、海洋航行、航空运输以及卫星定轨等方方面面。随着移动互联网和物联网的快速发展，卫星导航定位已与人们的现代生活紧密联系。

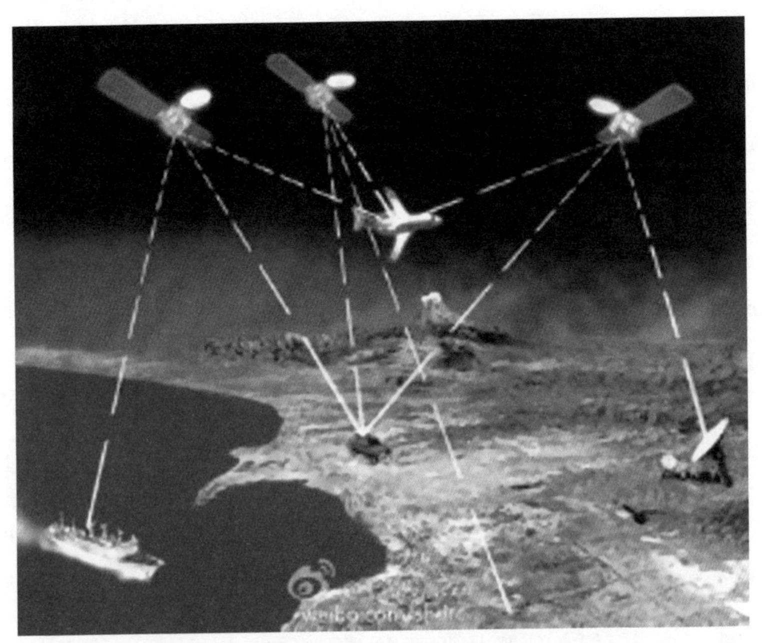

卫星导航定位示意图

（1）公路运输。随着卫星导航技术应用于公路交通运输，包括便携式导航仪、智能车载导航系统、手机和平板电脑导航终端等导航设备不断地开发出来，通过卫星导航定位技术与计算机车辆管理信息系统、无线电通信网络和电子地图等有机结合，调度车辆在城市各个地点合理分布、减少能源损耗、节约时间和成本、实现自主定位导航，有效应对了城市中移动性增加的趋势，便利了人们的出行，促进了社交网络的快速发展，同时催生了“数字城市”“智慧城市”等概念的出现和快速发展。

（2）轨道交通。列车运行控制是卫星定位服务在轨道交通领域最主要也是最核心的应用之一。借助卫星导航定位技术在高密度铁路线上对火车实施指挥和控制，在列车运行中进行安全定位，动态监测设施的完整性；缩短发车时间间隔，提高运行效率；在极端情况下进行危险预警；定位列车实时位置，为车站提供运行的实时信息；在铁路建设中，监测铁路基础设施与建设测绘等。随着轨道交通的迅速发展，卫星导航技术还将大显身手，实现安全、效率与经济的并行。

（3）海洋航行。卫星导航定位技术有力地支撑了海上导航、远程识别与跟踪定位等需求，实现了对海上船只进行高精度、连续的实时定位；保障船舶按规定航线航行，在气候恶劣、航道复杂的情况下，有效避开礁石和浅滩，避免发生船舶碰撞和财产损失，提高航行安全；有效开展港埠作业、疏浚、搜索与救援工作；提高船岸间信息交换的实时性和客观性，实时监测船位。

（4）航空飞行。目前，航空飞行的所有阶段都从传统导航方式向卫星导航解决方案过渡，从根本上摆脱了地面导航系统对航行决策的束缚，并使航空空域的利用得到更为合理的优化。飞机在航路区域导航阶段可依靠卫星导航系统与飞行管理计算机的配合，实现两点间的直线飞行，最大限度地选择灵活、高效的航路，实现真正意义上的航路设计的任意性；飞机不必依赖地面导航设施即能沿设定的进离场航迹飞行，在能见度极差的条件下安全着陆，极大地提高了飞行的精确度和安全水平。

（5）卫星定轨。卫星导航功能的应用并未局限在地面和大气层以下，利用卫星进行定轨，已广泛应用于低轨道卫星中的精密定轨、实时导航、姿态控制、编队飞行以及精确时间同步，等等。美国在1992年开展的一项试验结果表明，卫星导航定位系统应用于500千米低轨卫星上的导航精度可达到20~30米。另外，在中高轨道乃至更高远的空间中也开始尝试运用卫星定轨，其精度也将逐步改善，发展和应用前景十分可观。

另外，卫星导航技术还被应用于其他一些新兴领域，广泛服务于现代生产生活。如应用于农机具的自动驾驶与控制，开展精准农业；结合地面WIFI设备等，实现室内外360度无死角的无缝定位技术；为徒步旅行者提供精度极高的导航定位与授时服务，等等。利用卫星实现导航定位技术，将更多更快地改变我们未来的生活方式。

3. 军事导航定位

1959年，美国将世界上第一颗试验性军事导航卫星“子午仪

-7A”发射升空，1960 年又将世界上第一颗军事实用导航卫星“子午仪-B”送入了太空。1964 年 7 月之前，美国共发射约 30 颗“子午仪”卫星，组成了导航卫星网并正式投入使用，为核潜艇提供全天候定位服务。该系统可使全球任何地点的用户平均每隔 1.5 小时利用卫星定位一次，导航定位精度为 20~50 米。军事导航卫星可以为地面、海洋和空中的军事力量提供导航定位信息，实现武器装备精确制导、为机动作战部队提供定位服务、为救援人员指引方向等，具有范围广、全天候和连续实时的精确导航与定位能力。

军事导航卫星作为现代战争的“指南针”，极大地提高了作战效能。在美国近几次的局部战争和军事行动中，GPS 卫星导航系统及其设备在提高武器系统精确打击能力方面，特别是在海、陆、空的指挥控制、战场机动、补给支援、火力协同、战场救援和精确打击等方面发挥了重要作用。海湾战争、科索沃战争、阿富汗战争、伊拉克战争等现代战场上，都应用到了不断成熟的 GPS 技术，使美军的作战能力不断提升。

在海湾战争中，美军将 GPS 接收装置安装在弹药、武器平台、通信系统和指挥控制系统中，在“沙漠风暴”行动中，美军利用 GPS 实现了高精度的导航定位，在“战斧”巡航导弹上加装了 GPS 中段制导系统，大幅提高了巡航导弹的命中精度。在对科索沃的大规模空袭行动中，面对拥有强大空防能力的南联盟，美军在海射、空射巡航导弹和炸弹中都安装了 GPS 制导系统。在首轮轰炸中，所有武器均在安全距离内发射并取得了突出效果。在阿富汗战争中，美军几乎所有精确制导武器都利用了 GPS 制导系统，在空袭中使用的巡航导弹，都是通过 GPS 卫星提供的定位数据进行制导，再次凸显了 GPS 制导全天候、全天时、精确度高、受自然条件影响较小的打击能力。在伊拉克战争中，美军更是为 GPS 导弹和炸弹配置了抗干扰技术，增强了美军在战场上的技术优势，即使这些武器的 GPS 丢失，还可以使用自身的其他导引系统命中目标。[①]

五、太空为搭建“太空实验室”提供了场所

空间高远位置能提供地面实验设施所不能提供的环境条件，如太空微重力环境，可以成为揭开重力对人类影响之谜的实验场所，在基础科学和生物医学等方面扩展全人类的知识，为未来科学技术的突破奠定理论和技术基础。空间站的出现，为太空科学实验和开发新技术试验搭建了平台，使人类能较长时间地在太空中直接参与对地观测和天文观测，开展地球环境、探索宇宙世界的研究。

1.“太空实验室”成为现实

1949 年，H·E 罗斯在《英国星际学会》期刊上提出了一种“轨道加油站”的设想。他所描述的“轨道加油站”由酷似补给碗、面包和手臂的三个部分组成。“补给碗”是一个巨大的反射镜

① 方秀花、李颖：《卫星导航系统的军事应用》，《国际太空》2007 年第 4 期。

面，可以聚焦太阳光并产生热量，其实就是一座以太阳能发电的“蒸汽动力”空间站，“面包”结构位于主反射镜的后面，“手臂”装置探入“面包”结构，链接到一个对接口。如今，人类已经建造出能够在近地轨道长时间运行的空间站，它与飞船相比，有适合人类长时间居住的条件，可作为航天员在太空工作和生活的场所。

空间站可分为单舱段空间站和多舱段空间站两大类。前者用航天运载器一次就能送入太空轨道，后者则由航天运载器分批将组件送入轨道，多个舱段在轨道上组装而成。空间站在轨运行期间由飞船或航天飞机把物资、设备和航天员送往空间站，再把情报、实验资料、航天员送回地面。截至目前，空间站的建设经历了四代：第一代为单舱、一个对接口，如苏联礼炮 1 号至礼炮 5 号；第二代为单舱、两个对接口，如礼炮 6 号和礼炮 7 号；第三代为多舱、积木式结构，如和平号；第四代为多舱、桁架和积木式结构，如国际空间站。

俄罗斯、美国和中国是世界上迄今为止拥有空间站的三个国家。1971 年，苏联礼炮 1 号空间站发射，在太空与联盟号飞船对接成功；和平号空间站于 1986 年发射入轨，一直工作了 15 年。美国在 1973 年成功发射天空实验室，做了许多有关医药、地质和天文等方面的科学实验，1979 年在南印度洋上空坠入大气层烧毁。中国于 2011 年发射了首个小型空间实验室天宫 1 号，成为继俄、美之后第三个能够独立发射空间站的国家，并拟于 2016 年下半年发射天宫 2 号空间实验室。

和平号

礼炮号

天宫 1 号

由美、俄等 16 国共同建造的国际空间站是一种更为先进的多舱段空间站，代表了当代空间站技术的最高水平，自 1994 年开始建造至 2011 年建成，达到了保障 6～7 人长期在轨工作的能力，已成为近地轨道上有人直接参与各种科学研究活动的基地。人类已经在国际空间站开展了包括医学与生物学研究、生物工程、空间技术、材料科学、教育活动、地球物理学及对地观测等方面的空间应用研究项目。国际空间站为科学家提供了非常好的工作环境，自 2009 年空间站常驻人员增加到 6 名以来，航天员已经从每周工作不到 15 小时增加到每周工作 40 小时以上。人类首次在太空进行大规模的装配活动，建造者们还在研究如何使国际空间站不仅能作为一个微重力实验平台，还能成为一个更重要的深空探索的发展平台，为测试人类走出低地球轨道，探索小行星和火星等目的地，积累所需的工艺和技术。

运行在太空中的空间站具有极其广泛的应用前景，可以进行材料加工与生产、科学实验，还可以进行对地观测、通信与导航，并作为空间组装、发射和回收各类航天器、建设登月基地、开展

国际空间站

星际航行的补给站和中间站，对卫星、深空探测器进行后勤供应、维修保养及重新装配和调整等，发射新的人造天体到宇宙深处建造复杂的大型空间系统，并把这些系统转移到工作轨道（如大功率通信平台和太阳能电站等）。在军事上，空间站可作为空间指挥所或空间驻军的基地，可作为其他航天器停靠的“码头”，它又是战略武器的空间发射台，是理想的侦察基地，可居高临下、俯瞰全球，执行战略预警任务。因此，它将是指挥、控制和进行“天战”的核心。

空间站还将继续在人类太空探索中发挥重要的作用。中国拟在2016年下半年发射天宫2号空间实验室，随后发射神舟11号载人飞船和天舟1号货运飞船，并与天宫2号对接，计划于2020年前后完成空间站的建造。届时，中国空间站将成为长期在轨运行、长期载人飞行的空间站，能进行大规模的空间科学实验和技术试验，开发和利用空间资源。

相关链接

未来空间站雏形：巨型旋转环造重力场

科学家提出了人造重力场空间站的设想，即建造一个巨型旋转轮来制造重力场。

NASA 在 2011 年提出的“鹦鹉螺-X”计划①与人造重力场空间站的设想相似。“鹦鹉螺-X”计划拟设计一种多任务的空间探索飞行器，外形与空间站类似，配备了大型太阳能电池板和一系列相互连接的节点舱。其主要特征是拥有一个更大的空心旋转轮，外形酷似自行车内胎，由一系列连接环与充气式太空船组合而成。这一设计理念被称为“充气式空间站”。目前，毕格罗宇航公司正在设计研制这样的空间站。

宇宙飞船与人造重力场空间站对接的情景

① “鹦鹉螺-X”计划后因经费问题被取消。

2. 往返“太空实验室”的运输队

航天飞机和宇宙飞船作为天地往返的运输队，将航天员、物资和设备等供给送往空间站和返回地面。

航天飞机：太空征程铸下丰碑

创意改变世界。1928 年，具有战争狂人潜质的奥地利工程师尤金森格尔构想了一架以火箭为动力的“环球轰炸机”：利用固体火箭使飞机起飞，然后再利用更大推力的液体火箭来升高飞机，最后靠大气层反弹使其滑翔飞行。1938 年，尤金森格尔将他的设想绘成了草图。20 世纪 40 年代，这张草图辗转流传到 NASA 的前身——美国国家航空咨询委员会工程师们的手中。1972 年，尼克松总统批准了“航天飞机”计划，称其与“阿波罗”计划一样伟大。登月计划画上了句号，新的“航天飞机”时代从此开始了。①

航天飞机是一种兼具飞船与运载双重功能且可以部分重复使用的有翼载人航天器，同时也可以作为运载器。航天飞机集火箭、卫星和飞机的技术特点于一身，能像火箭那样垂直发射进入空间轨道，又能像卫星那样在太空轨道飞行，还能像飞机那样再入大气层滑翔着陆，是一种新型的多功能航天器。航天飞机可执行与空间站的对接、停靠，运送人员和货物等任务，也可执行军事任务、空间试验，以及卫星和空间探测器等的发射、检修和回收等任务。

迄今为止，只有美国与苏联曾经制造并成功发射和回收了航天

---

① 龚钴尔：《别逗了，美国宇航局》，科学出版社，2012 年 8 月第 1 版，第 157 页。

航天飞机

飞机，而美国是唯一以航天飞机成功进行载人飞行任务的国家。1981 年 4 月 12 日，第一架航天飞机哥伦比亚号成功发射。2011 年 7 月 8 日，亚特兰蒂斯号航天飞机发射升空，完成最后一次飞行。在 1981 年首飞至 2011 年退役这 30 年的航天飞机时代，美国的航天飞机共研制、飞行了 5 架，发射了 135 次，其中 134 次成功发射，133 次成功返回，2 次失利。共将 136 万千克货物、600 多名航天员（800 多人次）送入太空，发射了卫星、空间望远镜、空间探测器等，开展了在轨服务，并为国际空间站的建造做出了巨大贡献。曾经辉煌一时的航天飞机虽已退役，但它在人类征服太空的历史长河中，仍是一颗十分璀璨耀眼的明星。

美国航天飞机飞行统计

架次	飞机名称	首飞年份	末次飞行年份	飞行次数	搭载航天员数量	搭载卫星数量	国际空间站任务
第一架	哥伦比亚号	1981	2003	28	160	8	0
第二架	挑战者号	1983	1986	10	60	10	0
第三架	发现号	1984	2011	39	246	31	13
第四架	亚特兰蒂斯号	1985	2011	33	191	14	12
第五架	奋进号	1992	2011	25	148	3	11

宇宙飞船：载人运货独领风骚

自2011年美国航天飞机退役后，宇宙飞船成为当前向空间站运送航天员和货物并安全返回的唯一交通工具。

宇宙飞船分为载人飞船和货运飞船两大类。

载人飞船是一种承载航天员较少、能在太空短期运行，并可使航天员乘坐返回舱返回地面的航天器。按照飞行任务的不同，载人飞船包括卫星式载人飞船、登月式载人飞船和行星际式载人飞船，前两种在20世纪已经实现，后一种有望在本世纪实现。俄罗斯、美国和中国是迄今为止世界上拥有载人飞船的国家。俄罗斯先后研制了东方号、上升号和联盟号载人飞船，1961年4月，苏联航天员加加林乘坐的东方1号飞船是世界上第一个载人进入太空的航天器。美国先后研制了水星号、双子星座号和阿波罗号载人飞船，1969年7月美国阿波罗11号载人飞船完成了人类第一次登月任务。俄罗斯联盟号飞船是目前来往国际空间站的主要载人航天器，美国航天飞机2011年退役后，主要依靠联盟号运送航天员和货物前往空间站。中国拥有神舟系列载人飞船，圆满完成了天宫 1 号与载人飞船的交会对接，成为世界上第三个独立掌握空间交会对接技术的国家。

货运飞船的主要任务是向空间站定期补给食品、货物、推进剂和仪器设备等，它是空间站补给物资的重要运输工具，也是空间站的地面后勤保障系统。当前，俄罗斯、美国、欧盟和日本拥有货运飞船，中国正在研制货运飞船。俄罗斯进步号货运飞船执行向空间站定期补给的任务。

美国太空探索技术公司（简称 SpaceX）于 2012 年发射“龙”货运飞船向空间站运送货物（“龙”飞船包括载人版和货运版）。美国轨道科学公司 2014 年成功发射天鹅座货运飞船，为国际空间站运送科学设备与补给。欧空局制造的 ATV 自动货运飞船运货能力接近 8 吨，还可用作太空拖船，帮助空间站提升轨道。日本 2009 年发射的空间站 H-2 转移飞行器（HTV1），也称“白鹳”（Kounotori），是其首款货运飞船，截至 2015 年年底已发射了 5 艘 H-2 转移飞行器。中国目前正在研制天舟号货运飞船，将为建设中的空间站运送物资，保障空间站的长期在轨稳定运行。为了把国际空间站上的货物运回，欧洲和日本还在对各自的货运飞船进行升级改造。欧空局可返回地面的先进再入货运飞船计划在 2017 年或 2018 年首飞。日本无人货运飞船“白鹳”，可能会被重新设计从而达到节约成本并满足多重使用需求的目标，重新设计的飞船预计将于 2020 年发射。未来 5 年，日本计划进行三次国际空间站货运任务，计划在后几次任务中使用成本更低的飞船。

“龙”货运飞船

天鹅座货运飞船

俄罗斯进步号货运飞船

面向未来的新一代飞船研制取得了重要进展。美国洛克·马丁公司正在研制多用途乘员飞行器，也称“猎户座”（Orion）载人飞船，它是NASA官方代替航天飞机的新方案。美国波音公司CST-100是为满足NASA于2009年提出的商业乘员发展计划而设计和制造的载人飞船，预计于2016年进行首次飞行。在商业乘员计划中，内华达山脉公司与NASA兰利研究中心合作，开发追梦者号航天器，该公司计划于2017年执行商业乘员运输任务。俄罗斯新型载人飞船PTK-NP计划用于完成近地轨道和月球任务，预计最早于2018年首飞。

第五章

太空资源开发利用的新图景

“宇宙是无尽的生命、丰富的动力，但它同时也是严整的秩序，圆满的和谐。”

——[中] 宗白华

自人类诞生起，浩渺的星空一直是人类敬畏和向往之地，太空中闪烁着的点点繁星似乎在呼唤着我们前往。著名物理学家霍金曾表示，“我们正进入历史上一个愈加危险的时代。我们的人口正迅速增长，对这颗行星上有限的资源的需求量正处于指数级的增长当中”“我们生存的唯一机会就是不要蜗居在地球，而是尽快在太空中扩散开来”。人类虽已将自己的活动范围拓展到了外太空，但在广袤的太空中自由遨游，似乎依然是我们遥远而旖旎的梦想。不过，人类已经吹响了太空文明的集结号，新一轮太空探索和开发活动正在集结，一幅从近地轨道向深空探索迈进的璀璨图景即将展开，以迎接太空资源开发利用的新时代。

一、探测月球和月球以远的未知世界

“我们到那儿了吗？是的，我们到了。”[①]

2012 年 8 月 25 日，“旅行者 1 号”进入寒冷而黑暗的星际空间（也就是通俗意义上的银河系），成为人类历史上第一个到达星际空间的人造物。“旅行者 1 号”大胆闯入先前没有任何探测器到过的地方，它进入星际空间的里程碑式的重大意义可以和人类第一次登上月球相媲美，同时，也让人类对未知宇宙的探索充满了信心。

我们能否行得更远？

太空探索不怕难，万星千河只等闲。当阿姆斯特朗在月球上印下自己的脚印后，人类探索宇宙的脚步注定不会停歇，正在向遥远的深空迈进。

深空探测是人类对月球及月球以远的天体或空间开展的探测活动，已经成为世界范围内太空资源开发利用活动的重要发展方向。2013 年 8 月 20 日，国际空间探索协调组（ISECG）联合美国、俄罗斯、欧洲、英国、法国、德国、意大利、日本、韩国、印度、乌克兰、加拿大等 12 个国家和地区的航天机构，共同发布了新版

① “旅行者 1 号”项目科学家爱德华·斯通看到“旅行者 1 号”的“赫赫功绩”时，所说的话。

《全球探索路线图》（GER）[①]，提出以 2030 年后开展载人火星探索

目的地	关键目标	挑战
火星	· 寻找生命 · 增强对行星演变的了解 · 学会在其他行星表面生存	· 实现安全及可负担任务还依赖于技术的大大进步 · 必须更好地了解辐射风险和减缓技术[②] · 需要高可靠的空间系统及设施 · 验证使用原位资源[③]的能力是非常重要的
月球	· 确定水和其他资源的可用性 · 试验用于载人空间探索的技术和能力 · 增强对太阳系演变的了解 · 利用月球独特的重要性来吸引公众的参与	· 与长期表面活动相关的开支
近地小行星	· 验证创新的深空探索技术和能力 · 促进对这些太阳系原始天体演变和生命起源的了解 · 试验减缓近地小行星撞击地球风险的方法	· 需要更好地了解和定义小行星数量 · 小行星任务还依赖于技术的发展
拉格朗日点	· 扩展人类在近地轨道以远这些具有战略意义区域的能力 · 验证创新的深空技术和能力	· 了解载人任务相对于机器人任务的意义和优势

各目的地探索活动的目标及挑战

注：拉格朗日点是指在两大物体引力作用下，能够使小物体稳定的点，是一个小物体在两个大物体的引力作用下在空间中的一点。在该点处，小物体相对于两大物体基本保持静止。地球拉格朗日点是指卫星受太阳、地球两大天体引力作用，能保持相对静止的点。由法国数学家拉格朗日 1772 年推导证明出，共有 5 个这样的点。其中，L2 点位于日地连线上、地球外侧约 150 万千米处。卫星消耗很少的推进剂即可在此长期驻留，因而，L2 点是探测器、天体望远镜定位和观测太阳系的理想位置，在工程和科学上具有重要的实际应用和科学探索价值，是国际深空探测的热点。

---

① 第一版《全球探索路线图》于 2011 年 9 月发布，经过两年的酝酿和修改后，推出了 2013 年 8 月新版本。

② 减缓技术，在登陆火星过程中，帮助飞行器减速的技术。

③ 在火星上宇航员有丰富的资源可以利用，NASA 和其他太空机构将之称为原位资源利用（ISRU）。

为目标，通过充分发挥国际空间站的价值、扩大载人任务与机器人探索任务的互补效应、借助载人登月任务积累关键技术等手段，实现载人航天事业的可持续发展。

1. 深空探测的远行者

世界主要航天国家都在努力做一名远行者。

美国“21 世纪太空探索战略”计划在 2025 年实现小行星载人探索任务、在 21 世纪 30 年代中期实现进入火星轨道载人飞行，而后载人登陆火星；NASA 发布的《可持续的载人太空探索路线图》，提出了多目的地的载人太空探索战略，探索的长期目标定为载人登陆火星，而近期则提出了捕获、转向和航天员登陆小行星的计划，试图把应对小行星可能撞击地球的威胁、开发小行星矿产资源和发展载人太空探索技术结合起来。

俄罗斯未来 10 年至 20 年载人计划的优先方向是登月，计划在 2029 年实现载人登月，最终目标是建立月球站。① 俄罗斯正在与美、欧等航天国家和地区合作开展登月以及火星路线探索。俄航天局与欧空局联合开展名为“月球- 27”的研究项目，计划在 5 年内向月球发射无人登陆器，用于月球南极研究，旨在为载人登月做准备和研究建设国际月球基地的可能性；俄航天局与欧空局合作开发的 ExoMars 计划，拟于 2016 年、2018 年分别发射火星轨道器、火

① 据 2016 年 1 月 1 日外媒报道，受经济状况不佳的影响，俄罗斯预算不足，削减了 10%的航天预算，俄罗斯暂停了未来 10 年（2016~2025 年）所有与月球相关的太空任务，包括与月球基地、月球轨道站、月球载人飞行相关的航天服研发和软件研发，对国家航天任务进行优化，仍然保留关键的基础项目。

国家、地区	国际有代表性的未来深空探测任务
美国	· OSIRIS-Rex 小行星采样返回探测器（2016 年） · 与欧空局合作的 3 次火星探测任务（2016~2018 年） · 与欧空局合作的“欧罗巴木星系任务”（EJSM）（2020 年）
俄罗斯	· 2016~2019 年发射 Luna-Globe（或 Luna-25）月球探测器 · 2021 年 Luna-orbiting 任务，或者称为 Luna-Glob-2（或 Luna-26） · 2016 年发射“金星-D”（Venera-D）探测器 · 未来探测目标还有：2025 年进行载人登月飞行，2027~2032 年建造永久月球基地，2035 年进行载人火星飞行
中国	· 2020 年，中国将完成探月工程的“绕”“落”“回”三个步骤 · 2025 年实现首次载人登月的可行性，拟在探月工程的基础上进一步开展深空探测
欧空局	· 与 NASA 合作实施“火星采样返回”（MSR）（2016~2018 年）包括发射欧空局研制小型着陆验证器（气象学着陆器）“ExoMars”火星车 · 2020 年与 NASA 合作实施“欧罗巴木星系任务”（EJSM）
印度	· 实施小行星轨道器和慧星飞越任务（2009~2017 年），主要探测目标为灶神星 · 其他内太阳系探测技术验证任务或外太阳系探测任务
韩国	· 2020 年发射月球轨道器和着陆器 · 2025 年发射月球采样返回探测器 · 2026 年和 2030 年分别发射火星轨道器和火星着陆器 · 2032 年发射小行星采样返回探测器 · 2036 年和 2040 年分别发射深空探测器和空间望远镜

国际有代表性的未来深空探测任务

星巡视器，以探测火星环境。

欧空局明确了以近地轨道、月球和火星为目标的欧洲太空探索战略以及 2030 年前的发展愿景。

中国的探月工程将在 2020 年前完成“绕”“落”“回”三个步骤，相关专家也在论证 2030 年实现首次载人登月的可行性，并拟在探月工程的基础上进一步开展深空探测。

加拿大于 2014 年 2 月公布了名为《加拿大太空政策框架》的新太空开发计划。

印度于 2008 年首次成功发射月船-1 后，正着手实施月船-2 月球探测任务，现计划于 2017 年前后发射月船-2 探测器。月船-2 由轨道器、着陆器和月面巡视器组成，由印度独立研发、印度空间研究组织（ISRO）负责管理，将采用印度地球静止轨道卫星运载火箭（GSLV）发射。目前正在按步推进其火星探索计划，“印度火星轨道器任务”已于 2014 年 9 月 24 日顺利进入火星轨道，25 日成功向地球发回了首张火星遥感图，开始环绕火星的科学探测活动。

韩国航空航天研究院于 2013 年公布了“2040 太空计划”，对 2040 年以前的月球、火星、小行星探测进行了部署。

2. 延续月球传说

征服月球是人类在深空探索过程中至关重要的一步。“未来，月球将成为一个世界各国集聚一堂的所在，了解我们共同的起源，建造一个共同的未来，同时分享一场共同的旅行。”①

进入21世纪以来，随着科学技术和经济实力的飞速发展，以及对资源尤其是能源需求的日益增加，全球再次掀起了探月热潮，人们期望在月球建立永久性驻人基地，开发和利用月球资源、能源和特殊环境，为人类社会可持续发展服务，并为载人探测火星做准备。

新的探月热潮呈现出许多不同于以往的特点：改变了月球探测目的，由冷战时期主要满足政治和科学需要，变为科学探索和经济利益相结合，以探测月球资源为主，为未来月球资源开发、利用打基础；月球探测参与范围在扩大，美国、中国、日本、印度、俄罗斯及欧洲等国家和地区，都纷纷制定自己的月球探测计划并已着手实施，已经打破了20世纪三个国家在月球探测领域的垄断局面，未来将有越来越多的国家参与其中，并逐渐形成以国际合作方式为主的模式；全球陆续发射采用最新技术成果的多种先进月球探测器，研究月球矿产资源的分布与利用，进行月球特殊空间环境资源的开发。

随着科学技术水平的不断提高，探测月球的方式也越来越多，使人类对月球的探测在广度和深度上不断拓展。目前和未来可以预见的主要探月方式包括：（1）从月球近旁飞过或在其表面硬着陆，利用这个短暂过程探测月球周围环境和拍摄地外星球照片。（2）以月球探测卫星的方式获得信息，这样能以较长的探测时间全面获取月球信息。（3）在月球表面软着陆，以固定或漫游车的方式对某一

① 据欧空局发布的一段名为“目的地：月球”的视频。在视频中，欧空局概述了在地形恶劣的月球远侧，也就是在暗面建造人类居住地的计划。

区域进行实地考察、详细探测和取样分析等。(4) 在月面软着陆后取样返回地球，然后由实验室进行深入分析。(5) 进行撞击式探测。它与早期的硬着陆不同，是一种新兴的探测方式，正成为一种发展趋势，主要是探测月球的内部结构和组成，发挥探测卫星的余热。(6) 进行穿透式探测。俄罗斯的月球探测卫星将搭载原来为日本月球探测卫星设计的穿透探测器，英国拟发射的“月光”月球探测卫星也将携带穿透探测器。(7) 在月球建立永久性驻人基地。这是一项前所未有的创新工程，需要花费巨大的人力、物力和财力，科学家们在建设之前要做大量的准备工作。例如：发射月球探测器对月球进行全面探测，从而为月球基地选址；研制充当开路先锋的月球机器人等，为人类重返月球、建立月球基地及最终的载人火星航行开道铺路。

月球基地概念图

3. 探索火红星球

火星，是地球轨道外侧最靠近地球的行星，它的自然环境与地球较为相似。历史上，人类对火星曾满怀梦想，从 1950 年到 2000 年的半个世纪中，人们提出了上千种载人火星探索计划，这些计划中有理智的思考，也有疯狂的想象。虽然这些计划至今没有一个得到真正实施，但迄今，火星仍然是人类深空探索或移居的热门星球。

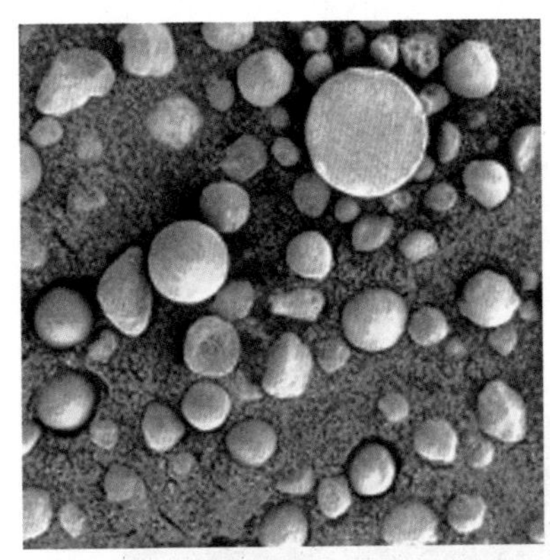

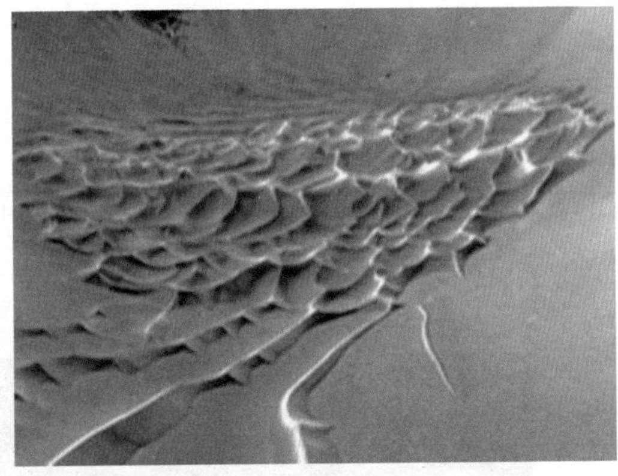

火星沙质表面上的小球体，因其在照片中呈蓝色，又被称为“蓝莓”（左图）
火星上的波纹看上去像是流动的沙丘（右图）

美国好奇号火星车已经取得发现火星湖泊遗迹、显示火星大气以二氧化碳为主、成功破解火星夏普山的形成之谜等科学探测成果。在之前机械臂出现故障时，还不忘幽默地调侃“叫我霹雳 5 号”① 的好奇号火星车，作为载人登陆火星的探路先锋，已经开始

① 美国电影《霹雳五号》中一个拥有最精密激光武器的机器人 5 号，在遭遇雷击后有了自我意识，从与人交往的过程中学习到人类的智慧。

为人类最终踏足火星开辟道路。[①]

2011 年 NASA 公布的《美国 2013～2022 行星探测十年规划》中，提出了未来 10 年火星探测的“新任务”——火星采样返回。2014 年 7 月，NASA 在好奇号火星探测器成功着陆以及科学探测方面不断取得新进展的基础上，公布了新一代火星探测器——“火星 2020”搭载的科学有效载荷。“火星 2020”正是火星采样返回任务的开路先锋，计划确定了两大主任务：一是探测火星表面环境中潜在的宜居性和曾经可能存在的生命痕迹；二是收集和存储火星的岩石和土壤样本，并对其物理与化学等背景信息进行原位探测。

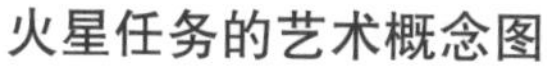

火星任务的艺术概念图

火星取样艺术概念图

欧空局与俄罗斯航天局签署合作开发 ExoMars 计划，目的是研究火星环境，找出火星上是否曾经存在生命。ExoMars 计划于2016～2018 年进行发射任务，2016 年发射火星轨道器，包括一个着陆火星表面的着陆舱；2018 年发射火星巡视器，探测火星表面。两个项目均

① 当好奇号火星车成功登陆火星后，NASA 局长查尔斯·博尔登说：“今天，好奇号火星车的车轮已经开始为人类最终踏足火星开辟道路。”

荷兰火星 1 号公司的火星基地设想

需要俄罗斯质子运载火箭的帮助。英国航天局在 2015 年 1 月证实，英国太空探测器——“小猎犬号-2”在 2003 年 12 月已经完好无损地到达火星上，由于没有能量进行无线传输而与地球失去联系。这一消息的证实将激励英国航天局发射“小猎犬号-3”开展进一步的火星探测任务。2015 年 1 月 1 日，印度火星探测器“曼加里安”已在火星轨道运行满 100 天，并在 3 月决定将火星探测任务再延长 6 个月。

美国奥巴马政府在放弃星座计划[①]后，将载人航天的重点转向小行星和火星，而一些国家则把注意力慢慢集中到这颗火红星球上，一波载人火星任务的新高潮正在兴起。即使前往火星的行程困难重重，仍不会减弱人类畅想移民火星的热情。除了官方的火星探索计划，民间也有许多“火星发烧友”在组织充满奇幻色彩的火星

① 星座计划（Project Constellation）是 NASA 一项已经中止的太空探索计划。整个计划包括一系列新的航天器、运载火箭以及相关硬件，将在包括国际空间站补给运输以及登月等各种太空任务中使用。2010 年 1 月 29 日，美国白宫证实，由于奥巴马政府 2011 年预算中的财政限制，“（重返月球的）星座计划已经死亡”。

之旅。要实现载人登陆火星，除了需要非常巨大的资金支持以外，考虑到载人飞往火星和返回地球的安全性，当前还有许多技术难题需要攻破。比如，研制大推力的重型火箭、载人飞船的安全着陆、如何返回地球以及乘坐普通飞船从地球到火星往返路程中可能出现的心理问题、辐射问题、失重问题等。作为第一个对火星载人航行进行技术研究的韦纳·冯·布劳恩曾对一位记者说，其实，很多这类困难都会慢慢地被克服，就像是（被克服了的）音障和热极限一样。也许，等到多年后，人类真正踏上火星，开始规划我们的第二家园的时候，回过头来想想，这些困难都是我们在漫漫星空中不断探索前行的动力。

4. 接触小行星

6500 万年前，恐龙这样一个庞大的占统治地位的家族，为什么会在很短的一段时间内突然灭绝了呢？科学界的猜测之一就是当时一颗类似小行星的物质不仅撞击了地球中美洲地区，还撞破了地壳，造成超级火山爆发，让地球上的环境不再适合这类物种生存。

类似世界末日的行星撞击事件会再次发生吗？新闻媒体时不时会报道世界各地的陨石坠落事件，虽然一些报道有夸大危险之嫌，但对此也不能轻视。小行星是太阳系在 45 亿年前形成初期遗留下来的产物，探测小行星有助于探索宇宙的形成和演化过程，有助于保护地球免受潜在小行星的撞击，目前已成为载人深空探测的热点领域。

目前，美国提出了基于猎户座飞船的载人小行星计划，欧洲、日本等也发射了小行星探测器开展小行星研究。NASA 在 2012 年发布的《可持续的载人太空探索路线图》中，已将近地小行星作为美国载人航天的近期目的地，并提出了捕获、转向和航天员登陆小行星的计划。小行星重定向任务（ARM，又称“小行星捕获计划”），分为鉴别、重定向和载人探测三个阶段，预计需 10 年完成，总经费超过 26.5 亿美元。ARM 计划成功的前提是找到符合需求的近地小行星。目前，美国考虑的有编号为 2000SG344、

ARM 机器人捕获方案 A：在自然轨道捕获小行星（左图）
ARM 机器人捕获方案 B：从一颗大型的小行星上取回一块巨石（右图）

1999AO10 的近地小行星。

虽然 ARM 计划在美国国会和学术界引发过一些争议，目前在美国国内已经取得基本共识：近地小行星是近期载人太空探索最有价值的目标，也是远期太空探索的“自然的跳板”。小行星探测能够为人类在宇宙中走得更远提供更加坚实的基础。

二、人类与机器人共同探索太空

太空探索的未来是人类的，也是机器人的。

人类进入太空要冒很大风险，付出较高的代价。由于地球周围存在内外辐射带，航天员只能在低地球轨道上工作。而航天器广泛使用的轨道，如太阳同步轨道、大椭圆轨道和地球静止轨道等，都还是“游客止步”的禁区。然而那里却是机器人用武的广阔天地，更多地发展机器人，让机器人在这些轨道上工作，把航天员从危险、重复和简单的劳动中解放出来，是快、好、省地发展空间技术，开发太空资源的重要技术途径之一。

太空机器人是一种在航天器或空间站上作业的具有智能的通用机械系统。太空机器人具有人的基本特点和功能，能实现感知、推理和决策等功能，但不一定具有人的外形。它一般有抓举、搬动物体的机械臂和机械手，这相当于上肢；可以走步、转向或移动的腿或轮子，这相当于下肢；有信息储存装置和运算装置或电脑，用于分析、比较、判断与决策，这相当于大脑和神经中枢；装有视觉、触觉、听觉、嗅觉等传感器，可以感受温度、硬度、质量、距离、方位、形状和大小等，相当于感知器官。

太空机器人按用途主要分为星球探测机器人和在轨服务机器人，可以在太空恶劣的环境下代替人类完成危险和难以完成的任务，如探索火星和水星等行星，装配空间站，进行舱外实验，维修和维护航天器。其中，在轨服务机器人又可细分为舱外（作业）机器人（包括基座可固定于空间站外的机械臂、自由飞行的空间机器人和自由飘浮的空间机器人）和舱内（作业）机器人。[①]

美国送上火星进行探测的火星探测器“精神号”和“机遇号”，实际上就是一种机器人，而国际空间站装备的加拿大研制的机械臂，也是一种机器人。2011 年 7 月 24 日，美国发现号航天飞机进行退役前的最后一次发射，为国际空间站送去首个人形机器人——机器人航天员-2（R2），协助航天员在国际空间站完成零星工作和维修任务，考察类人形机器人对在轨工作的航天员有多大帮助。2013 年 8 月 4 日，日本将世界首个会说话的机器人“基博”送上太空，陪伴其他航天员，以免他们在寂寥的太空中感到孤独寂寞。未来空间太阳能发电站第二轮方案的创新点之一就是，电站的太空建造由原方案中的让航天员装配，改为由机器人装配。国际月球探测工作小组（ILEWG）构想在未来月球探测中部署和运行一个国际载人月球基地（IMB），而由机器人组建月球机器人村落即是建立载人月球基地的先导计划。美国国际高级研究计划局正在开发多种机器人技术，以解决地球同步轨道恶劣环境下的关键在轨任务需求，包括装配、维修、资产寿命延长、推进剂再加注等。开发活动包括机械臂和多个通用、专用工具的成熟度。这些技术将用于未来的机器人装配平台——“服务星/守护星”。这些机器人可以在恶劣的太空环境下代替人类航天员工作，完成人类难以完成或危险性极大的任务。

---

① 《太空机器人是航天员的好帮手——从首个会说话的太空机器人登天谈起》，《国际太空》2013 年第 11 期。

机器人航天员-2 灵活地使用工具

火星爬虫机器人概念图

对于未来的太空探索任务和目标而言，任务的轻量化和低成本显得日益重要。NASA 艾姆斯研究中心的一个团队正在研究利用超级球形机器人执行太空探索任务的可行性。该团队称，他们“认为可能有一种更简单、更便宜的探索太阳系的方法——将科学仪器嵌入一个灵活的、可变形的机器人外骨骼内”。目前，他们正在基于“拉张整体”这一概念建造超级球形机器人，其主要优势是具有登陆和有效移动的双重能力；这种机器人可以同时作为登陆器和一个移动平台，从而大大简化任务剖面、降低成本。①

在未来的太空活动中，航天员与太空机器人两者缺一不可，优势正好互补。航天员在太空可以随机应变，能在复杂、多变和预想不到的环境中完成任务；能够将观察到的事物和现象进行分析和研究，从而形成概念，做出决策，制定计划和采取相应的行动。太空机器人可以逐步代替航天员进行一些先期探测、在轨服务等。可以说，太空机器人就是航天员在太空工作的左膀右臂，担当起人类航

① 《美研究用超级球形机器人探索太空轻量化低成本》，《科技传播》2014 年第 1 期(上)。

天员助手的角色，它们不但能和人类并肩作战，而且还可以在危险环境中表现得更出色，扩展人类探索太空的范围。人和机器人（自动化系统）的结合，将是未来太空探索的必由之路。

三、建造空间太阳能发电系统

太阳每时每刻都在发出巨大的能量，取之不尽，用之不竭，具有十分可观的开发利用前景。但由于地球有大气层这套“厚厚的外衣”，射向地球的大部分能量被截流，加上季度变化、昼夜交替的影响，太阳辐射到地球表面的能量仅为其总辐射能量的22亿分之一，在地球表面利用太阳能资源受到了较大的限制。而在太空中直接利用太阳能，则可以避免由于日夜更替、气候变换、季节循环、大气滤波和太阳入射角改变而带来的能量损失，大大提高太阳能利用的效率。如，在地球同步轨道上，阳光的照射时间可达全年总时间的99%。[①] 空间太阳能资源的有效利用，将有可能为人类提供巨大、优质的清洁能源。

1968年11月22日，美国工程师、利特尔公司工程科学部主任格拉舍首次提出了空间太阳能卫星发电站的概念，40多年来一直受到美国、日本、欧洲等国家的关注，相继进行了研究和开发。美国、日本分别自20世纪70年代、80年代起，开始开展空间太阳能发电系统及其关键技术研究，并制定了发展路线图，均计划2030年前后实现商业化运行。欧盟在2002年构建起欧洲研究网络，由欧空

① 侯欣宾、王立：《未来能源之路——太空发电站》，《国际太空》2014年第5期。

局统一组织德国、意大利、法国等进行联合研究，全方位地推进空间太阳能相关技术研究；中国2010年提出了中国空间太阳能发电系统的发展“路线图”，并计划于2050年研制出首个商业化空间太阳能发电系统，逐步实现空间电力产业的商业化。①

1. 地球能源的补给库

人们期望未来在太空建造空间太阳能发电系统，实现部分替代地面供电网络，使之成为地球能源的补给库。空间太阳能发电系统主要由太阳能发电装置、能量转换和发射装置、地面接收和转换装置等三大部分组成，其基本原理是：太阳能发电装置用于接收空间太阳能并将其转化成电能；能量转换装置将电能转化为微波或激光等并利用发射装置送回地面接收站；地面接收站通过转换装置将接收到的微波或激光转换为直流电或交流电供给用户使用。整个过程经历从太阳能–电能–微波或激光–电能的能量转换过程。

如果空间太阳能发电系统的设想能够实现，将极大地缓解地球电力资源的紧张，并改善地球电力传统获取过程中产生的环境污染。更为重要的是，这种发电方式供电覆盖面大而灵活，不受江河湖海、山川阻隔的影响，能快速为灾区或者难以到达的偏远地区（如山区、海岛等）供电。我们还可以期待利用它实现为移动目标的供电，如火车、汽车、飞机等。另外，还有科学家设想利用太空发电的巨大能量，传输到台风所在区域，通过改变台风区的温度分布，以破坏其形成或行进路径，等等。

---

① 据2010年召开的空间太阳能发电系统发展技术研讨会的相关报告。

2009年，美国太平洋汽油与电力公司宣布，正式向Solaren公司购买200兆瓦的空间太阳能电力，成为这一设想提出以来首个商业合同，美国还计划在2030年左右将空间太阳能发电技术应用于更大规模的商业开发。日本以三菱商事株式会社为首的几家公司计划于2025年前，在“宇宙太阳光发电”计划框架内发射由40颗人造地球卫星组成的太空发电站，在2035年左右建成世界上第一个吉瓦[①]级商业太空发电站系统。目前日本太空机构已经在一次实验中成功地将电力转换为微波进行传输，攻克了天地间电力传输的关键技术难题。[②] 有专家乐观估计，在10~20年后，空间太阳能发电就将投入实际应用并进入商业化阶段，到21世纪中叶，空间太阳能发电系统提供的电力将占全球20%以上，大规模开发利用空间太阳能将引发技术革命甚至产业革命。

2. 助力人类深空探测

改进航天器的推进技术，找到能维持航天器持续、快速飞行的稳定能源，是人类几十年来一直致力于解决的一个重大课题。以太阳能作为动力是目前讨论比较多的解决方案之一，美国航天行星学会即有一项在2016年向太空发射一种小型太阳能航天器的计划。[③] 当航天器收集的阳光照射到航天器表面，光子的能量就被转移给航天器，光被反射后，会对航天器产生轻微的推力。但这一方案无疑

① 1吉瓦 $=10^9$ 瓦 $=10$ 亿瓦

② 据日本朝日新闻2015年3月9日报道。

③ 太阳能航天器或2016年问世，遨游太空无需燃料，腾讯数码，2014年7月13日。

受到了太阳能收集有限性的影响。而空间太阳能发电系统，无疑能为“太阳能航天器”的发展前景添彩不少。已经有专家探讨其为可视范围内的低轨、中轨和高轨上的航天器供电，甚至作为航天器发射的推进动力的可行性，并提出应用这一推进技术，理论上2~5年内即可到达小行星带内的多颗小行星，并采样返回。①

利用空间太阳能发电系统为在轨运行的航天器供电，使航天器不需要安装巨大的太阳能电池阵。同时，由于航天器不需要携带大量推进剂，总发射质量将减轻一半左右，发射成本也将大大降低，净载重量有效提高，体积的减小和重量的减轻，还将大幅提高航天器的功率水平和控制精度，这对未来发展大功率、高精度的通信卫星、科学卫星等具有重要价值。空间太阳能发电系统应用于航天器飞行的设想一旦实现，人类将拥有无需传统能源就能在太空环游的航天器，这将使航天器的推进和飞行技术发生革命性的变化，助力我们突破目前在空间探测范围上的瓶颈，助推人类实现对太阳系、银河系甚至河外星系探索的愿望。

3. 实现人类改造其他星球环境的愿望

最初人们设想的空间太阳能发电系统只是像一颗地球卫星一样在地球轨道上运行，收集太阳能转化后供给地球电力资源。后来，随着空间探索活动的深入，人们对这一设想有所拓展，认为未来空间太阳能电站的选址完全可以是某一个星球或星球的轨道，为人类改造其他星球的环境提供能量来源。

---

① 侯欣宾、王立：《未来能源之路——太空发电站》，《国际太空》2014年第5期。

目前，科学家认为这一设想的最佳选址是月球。月球南极一些高耸的环形山能够常年受到日照，月表太阳光照条件稳定，而且月球星体力学条件稳定，极少受到天气、地震活动和生物过程的影响；月表不存在空气和水汽影响，太阳辐射可以长驱直入，白天太阳能辐射强烈，月球赤道表面温度可达 132℃；月尘和岩石中包含着丰富的硅、氧以及一些金属，可以直接利用月球原位资源，生产所需的太阳能电池、电线、微电路部件、反射屏；月球上的白天和黑夜都相当于 14 个地球日，因此可沿月球纬度相差 180 度的位置分别建立太阳能发电装置并采用并联式连接，当处在月球夜晚的太阳能发电装置停止工作时，处在月球另一侧的太阳能发电装置正好在白天，交替工作就可以获得极其丰富而稳定的太阳能。在月球或其他物质资源丰富的星体或其轨道上建设空间太阳能电站，一方面可以供给地球使用，另外，还可以改善星球自身环境，为人类建设生存基地提供能量供给，开展空间能源生产和加工制造，使得未来的太空农业、太空工业、太空移民的发展成为可能。

空间太阳能发电系统对人类的能源安全和永续发展具有重大意义。21 世纪以来，越来越多的国家开始关注并投入到空间太阳能发电系统的研究工作中。但由于系统规模巨大，远远超过人类目前最大的航天器——空间站的建造规模，所需的技术跨越性和投入大，使得这一设想在提出至今的 40 余年时间里，还未能实现真正的商业化运作。目前，在太阳能发电、微波转化、天地间电力传输以及相关的航天技术方面，已经取得了一系列突破性进展，解决了一些关键技术难题，为建造空间太阳能发电系统奠定了基础。我们完全可以期待，在技术飞速发展的几十年后实现这一美好愿景，树立起太空资源开发利用新的里程碑。

四、开拓太空工业的矿产基地

从石器时代、青铜器时代到铁器时代，直至后来的蒸汽时代、电气时代和今天的信息时代，人类一直享受着大自然的馈赠，索取着地球上的各种自然资源。历经沧海桑田，地球母亲如今已不堪重负，一系列问题开始暴露，其中资源问题首当其冲，尤其是稀缺矿产资源。科学家通过太空探索发现，一些地球上稀缺的矿产资源在月球和太阳系内外的一些行星中储量丰富，如果能对这些资源加以利用，不仅可以极大地缓解地球上的资源危机，还可以创造巨大的财富，推进人类文明进程。于是，去太空中开采矿产资源的设想应运而生。一方面，人类希望能将太空中的矿产宝藏采回地球用来发展生产，另一方面，技术成熟后可以直接在太空建立矿产基地，就地开采生产，发展太空工业，未来这些基地还可以成为人类进行深空探测途中的能源补给站。那时，在太空中璀璨的繁星上，人类将实现新的“资源梦”。

1. 到月球上采矿

月球是距离地球最近的星球，人类与月球的美好故事流传千古。月球上存在很多珍稀矿藏，稀有金属的储藏量甚至超过地球。[①]

① 焦玉书:《登月，到月球去采矿》,《中国矿业》2012 年 8 月第 21 期。

美国在2009年8月利用月球勘测轨道器（LRO）[①] 发现月球南极的沙克尔顿陨石坑中覆盖着大量冰层，在这个深2英里、宽12英里的陨坑中，冰层大约占了22%的表面积。[②] 后来，在10月执行的月球陨坑观测任务中，又发现月球表面的卡比厄斯陨石坑含有大量的氢、氨和甲烷资源。以上这些相对容易获取的“水冰”资源让大多数科学家认为月球有望成为人类的首个太空采矿基地。

科学家们设想，采用专门机械收集月球上的土壤，将其加热至600℃以上，分离出气体氦，再进一步分离出它的同位素氦-3，然后将气态氦-3液化运输回地球。按照运输型航天器的运行速度，用一个昼夜就能将20吨液态氦-3运回地球，运输四五次的量就可以满足整个地球一年的发电需求，利用前景巨大。虽然运输成本高昂，但也能大大节省地球上的发电成本。据科学家计算，利用氦-3发电的成本仅是目前核电站发电成本的十分之一[③]，且清洁高效无污染。另外，月球上丰富的钛铁矿和风化的表土层中蕴含着大量氧元素和氢元素，通过化学加工可以在月球上创造出生存必需品——空气、水和清洁燃料。在这些基本条件具备后，人类的第一个太空矿产基地有望建成，它将为太空工业的发展奠定坚实的基础。不仅人类移居月球将指日可待，甚至在未来人类登陆火星的途中，月球

---

① 月球勘测轨道器（LRO）是NASA“新太空探索计划”的首个任务，该方案在2004年提出，旨在重返月球，并登陆火星以及向更远的太空进军。LRO于2009年6月18日在美国佛罗里达州卡纳维拉尔角空军基地由一枚“宇宙神-5”运载火箭发射升空，标志着美国“重返月球”计划正式启动。

② 《NASA最新发现神秘月球陨坑1/4表面覆盖冰层》，腾讯科技，2012年6月22日。

③ 《未来新能源——月球氦-3》，《中国电力教育》2014年第25期。

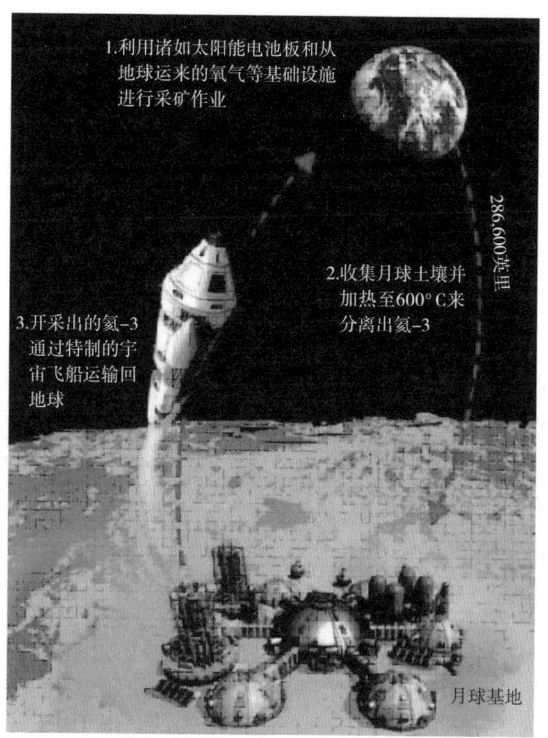

月球采矿

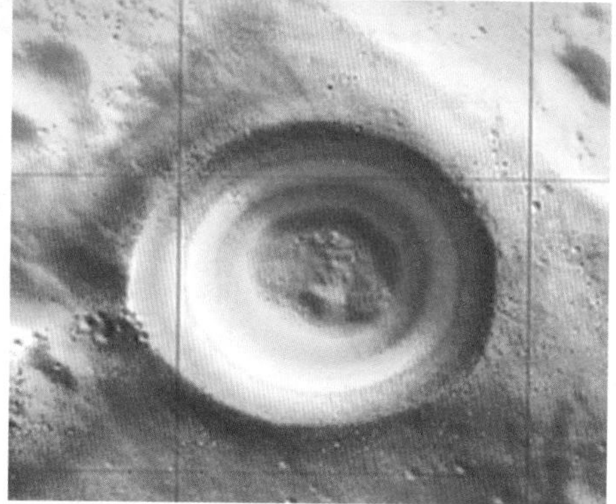

NASA 于 2009 年观测的沙克尔顿陨石坑①

① 图像显示沙克尔顿陨坑底部曾遭受较小陨星碰撞，它的邻近区域也是遍布斑点状陨坑。伪色彩呈现的是陨坑的高度变化，地势较低区域是蓝色部分，地势较高区域是红色及白色部分。

还能为航天器补给充足的能源，成为人类的“太空加油站”。

目前，人类已经在遥控月球采矿技术上取得重大突破，开始拟定前往月球开采并进行商业运作的计划。例如，美国沙克尔顿能源公司希望到2020年能在轨道里出售火箭推进剂；据美国巴特利研究院和NASA预测，美、俄还将在2018年前进行空间材料批量生产。

沙克尔顿能源公司的太空能源补给飞船想象图①

2. 到小行星上采矿

虽然绝大多数小行星目前对于人类仍是“遥不可及”，但小行星上富饶的矿产资源令人充满无尽遐想。有人估算，在近地轨道附近尚有近6000颗直径大于45米的小行星，能足够满足人类对稀缺矿产资源的渴求。

---

① 沙克尔顿能源公司希望成为世界首家太空能源公司，在太空为宇宙飞船提供能源。

开采这些小行星与开发月球、火星等星球相比，具有独特的优势。首先，小行星上的微重力环境大大方便了宇宙飞船的起降和采矿设备的建设；其次，小行星的化学组成呈现多元化，增加了开采矿产资源的选择范围，有些珍稀金属可采回地球使用，有些普通金属则可以就地取用，来搭建采矿基地和住所。另外，一些碳质小行星上富含的水冰资源可用来合成飞船所需的氢氧推进剂，也可用来满足航天员的生活需要，降低太空采矿的成本。随着科技的不断发展，人们也许能够在合适的行星上建立矿产基地，届时专业的人员能够亲临现场巡视维护，或进行其他更复杂的操作。[①]

目前已有两家美国商业公司（行星资源公司——Planetary Resources 和深空工业公司——Deep Space Industries）涉足小行星资源开发。

行星资源公司在 2012 年 4 月宣布了开采小行星的计划，公司创始人表示将在未来 5 年内向地球轨道发射 10~15 架勘察望远镜，定位目标后将派出探索飞船和机器人到小行星上探测珍稀金属，并开设采矿基地，将小行星上的矿产资源带回地球。未来 5~7 年内派出太空飞船，进行详尽的勘探，绘制出有开采价值的小行星的详图，确认其资源所在的矿脉。最后他们将利用机器人远程采矿，甚至进行矿石精炼，然后再将矿产安全地送回地球。这项计划如今已得到谷歌首席执行官拉里·佩奇与著名电影导演詹姆斯·卡梅隆等众多富豪的资助。

位于美国加利福尼亚州的深空工业公司是第二家旨在开采小行

① 陈可：《上太空去“淘金”》，《环境》2013 年第 4 期。

星资源的公司，公司计划发射第一艘名为“萤火虫”的无人勘察船，飞船重 25 千克，将采用超小型低成本人造地球卫星的组件来建造，并且在发射通信卫星时搭便车进入太空。公司计划最早在 2016 年，发射无人样本采集船，在太空飞行 2~4 年后，把重达 68 千克的矿物样本送回地球。公司还希望在 2020 年发射一系列小行星探测航天器，用来在附近的小行星上寻找资源。2015 年 7 月 20 日，美国波多黎各阿雷西沃天文台的雷达跟踪拍摄到了一颗潜在价值 5.4 万亿美元的“铂金小行星”——2011UW-158，它以 240 万千米的距离掠过地球最近点，行星资源公司计划未来对其进行采矿挖掘。

深空工业公司的飞船拦截经过地球附近的小行星想象图

小行星采矿目前尚处于零星的无人探测阶段。2010 年，日本发射的隼鸟号小行星探测器在名为“丝川”的小行星上登陆采样后，克服千难万险，首次将月球以外的小行星的样品送回地球；美国的黎明号探测器于 2013 年 7 月结束对灶神星的考察并继续前往谷神星；中国的嫦娥2号卫星在2012年12月13日飞掠距离自己3.2千米处的图塔蒂斯小行星，用太阳翼监视相机拍下近距离清晰影像，实现了中国小行星探测“零”的突破。

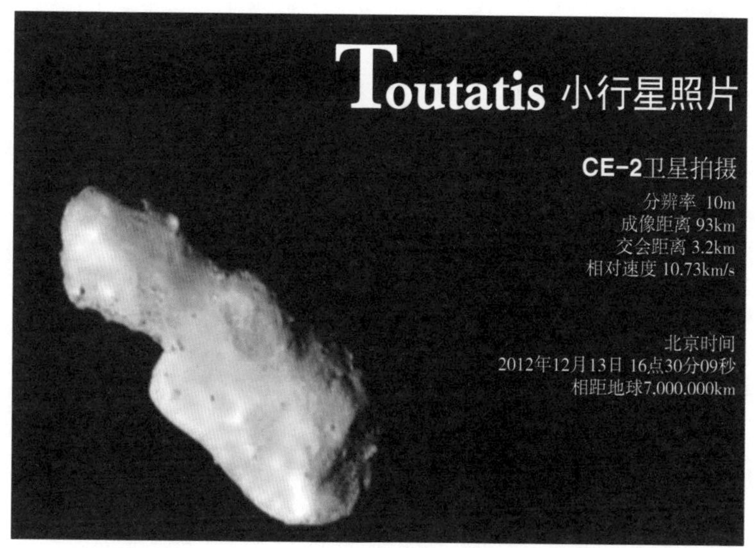

中国嫦娥2号卫星与图塔蒂斯小行星“亲密接触”

当地球资源逐渐枯竭，富含珍贵矿产的太空必将是人类的下一个基地。太空采矿是太空工业发展的基础，而利用空间进行工业活动正是人类文明发展的必然趋势。虽然目前太空采矿还面临着诸多困难，如小行星上缺少磁场、大气层和臭氧层，无法屏蔽太阳及宇宙辐射，这会对航天员的健康构成严重威胁；再如，大多数小行星的结构疏松，不仅开采困难，且遭受陨石撞击较为频繁，人类辛苦建成的营地很容易被摧毁等。① 这些问题还有待人类去进一步研究解决。但随着航天技术、能源技术、机器人及自动化技术的飞速发

① 吉彦杰：《太空，下一个淘金场》，《财会月刊》2013第30期。

展，相信容量大、成本低、速度快的航天运输工具将出现，这些载有人类自主研发的清洁、环保、效能高的新能源模块的太空飞船可以轻松携带人类和机器人到太空去开采矿物，并能将矿物运送回地球。人们还可以在太空建立工厂，就地采矿，甚至进行产业化经营。未来，太空工业势必会为人类提供取之不尽的矿石和能源，同时矿星上的基地也可作为人类向宇宙更深处探索的驿站，这些“天外别墅”将拓展人类生活的新疆域。

五、揭开太空深处的未解之谜

对未知世界的探索是人类社会发展的永恒动力，人类在各个领域的诸多壮举，都在不断书写和创造着我们在地球上的历史。郑和历时28年7次下西洋，揭开了世界性航海活动的序幕；哥伦布4次冒险西渡大西洋，发现了美洲新大陆；哥白尼数十年钻研，证明地球并非宇宙的中心，使天文学从宗教神学的束缚下解放出来；1609年伽利略首次将天文望远镜对准太空，打开了近代天文学的大门；爱因斯坦的相对论和宇宙常数等一系列经典理论，为人类物理学、数学的发展进步，奠定了坚实基础……

到20世纪下半叶，人类将各种航天器送入太空，开始了对地球附近空间的探测实践。在人们刚进入太空开展探测的十几年里，运用物理学的知识，解释和验证了一批科学难题，以至于1980年以前，一些人认为物理学已掌握了一切真理，甚至有人提出“科学已经终结”。但随着空间探测的深入，以及对太阳系探测的开展，科学家们发现了完全不同于以往研究的宇宙星体、奇异现象，乃至颠覆性的概念。实际上，人类目前所能探索的范围还只是宇宙一角，还需要加深对太空的探索，去发现和揭开太空深处诸多的未解之谜。

1. 引力巨大的黑洞

黑洞是目前人类科学的前沿问题。物理学家霍金认为黑洞是由质量比太阳大 20 倍以上的恒星坍塌时产生的，恒星中氢气被压缩，温度升高发生核聚变，恒星外壳先鼓胀，中心内核发生引力坍缩，形成引力井，这个引力井就是黑洞。黑洞用肉眼无法看到，但是它又是宇宙中物质密度最高的地方，具有强大的吸引力，能“吞噬”任何物质，连光和电磁波也无法逃脱。我们虽然无法直接观测到黑洞，但是通过被吸入物体发出的射线，可以感受到它的存在和强大的引力。

黑洞奥妙的探索有赖于多个学科知识的整合运用，也吸引着包括天文学、物理学、数学乃至哲学等各个领域的专家学者的关注与投入，数学家陈省身[①]先生在研究黑洞有关的天体物理及粒子物理的过程中，即发出了这样的感叹：“物理几何是一家，共同携手到天涯。黑洞单极穷奥秘，纤维连络织锦霞。进化方程孤立异，对偶曲率瞬息空。畴算竟有天人用，拈花一笑不言中。”将现代数学和物理中最新概念纳入优美的意境中。

---

① 陈省身是世界知名的数学大师，著名的教育家，曾获得国际数学界沃尔夫奖、美国国家科学奖等。1984 年，陈省身获得沃尔夫数学奖，这是当时数学领域的最高奖，他是获得该奖项的第一位华裔数学家。

位于天炉座螺旋星系内的一个黑洞

通过科学家大量的观测和计算，发现宇宙中包括银河系在内的大部分星系都有超大质量黑洞存在。2013 年科学家们在距离地球约 2.5 亿光年的一个小型星系内部发现了一个可能是迄今已知质量最大的黑洞，相当于 170 亿倍太阳质量，位于英仙座星系之中。[①] 美国“国家地理新闻”网站评选出 2010 年十大太空探索发现，其中黑洞内可能存在宇宙的设想引发轩然大波：我们的宇宙就像是俄罗斯套娃的一部分，可能存在于一个黑洞之中，而这个黑洞则是一个更大的宇宙组成部分，迄今为止在我们发现的所有黑洞——从微型黑洞到特大质量黑洞——可能都是通向另一个现实世界的大门，黑洞吞噬的物质并不会沦落成一个点，而是从黑洞另一端的“白洞”喷出。黑洞到底是如何形成的，其本质究竟是什么，进入黑洞的物

① 《新发现：黑洞质量达太阳 170 亿倍》，《黑龙江科学》2013 年第 7 期。

质究竟去向何方，这些都还是未解之谜。

2. 穿越时空的虫洞

虫洞的概念几乎与黑洞理论同时提出。1930 年，爱因斯坦和纳森·罗森[①]在研究引力场方程时，通过实验发现，时空可以是不平坦的，宇宙中可能存在连接两个不同时空的狭窄隧道。他们认为透过虫洞可以做瞬间的空间转移或者时间旅行，而暗物质维持着虫洞出口的敞开，虫洞也可能是连接黑洞和白洞的时空隧道，所以也叫“灰道”。[②]

虫洞想象效果图

天文学家的一些观测也发现：在太空的同一方位观测到了一些非常相似的星系，它们离我们远近不同，而且较远的星系显得较古

① 纳森·罗森（1909–1995），美籍以色列裔物理学家，与爱因斯坦及波理斯波多斯基共同提出当时量子物理学理论下会出现的 EPR 悖论现象。

② 李景色：《虫洞》，《今日科苑》2013 年第 9 期。

老，初步研究表明，这些星系实际上是同一个，只是它发出的光到达地球走了不同的路径，用了不同的时间，这一现象可能支持了虫洞的理论设想。[①] 科学家猜测，宇宙中充斥着数以百万计的虫洞，但很少有直径超过10万千米的，而这个宽度正是太空飞船安全航行的最低要求，我们在实验室和航天器在太空中捕捉到的“负质量”则可以扩大和稳定细小的虫洞。[②]

目前，科学界对虫洞的研究已进入了实质性阶段，科学家们的研究视点，已落在超光速和负质量等课题上。如果找到虫洞，我们就需要重新定义时空的概念，思考人类在宇宙中的角色和位置，瞬间实现原本需要上千年时间的星际穿越。但是迄今为止，科学家们还没有观察到虫洞存在的确凿证据，它还只是我们在科幻作品和理论研究中的一个概念。

3. 探寻地外文明

世界太初只有黑暗、水和伟大的Bumba上帝。一天，Bumba胃痛发作，呕吐出太阳，太阳灼干了一些水，留下土地，他仍然胃痛不止，又吐出了月亮和星辰，然后吐出一些动物，豹、鳄鱼、乌龟，最后是人，这个创世纪的神话，和其他许多神话一样，试图回答我们一直想诘问的问题：为何人类在地球上，人类从何而来？[③] 宇宙在演化中形成了地球上几乎所有的化学元素，并由这些元素产

---

① 卢海生：《奇妙的细管——虫洞》，《百科知识》2007年第5期。

② 李景色：《虫洞》，《今日科苑》2013年第9期。

③ 据霍金在2006年国际弦理论大会开幕式所作的《宇宙的起源》主题讲座。

生出构成生命的有机分子，并最终孕育了地球生物。从这个意义上讲，宇宙应是生命起源与演化的实验室。由此可以联想到，宇宙其他天体中是否也存在着生命物质，生命物质的起源很可能不是地球所独有的。

科幻电影中的外星人形象

20 世纪 60 年代以前，如果有人说生命起源于宇宙中地球以外的地方，人们大多会认为这是不切实际的狂想，所以空间探测早期的一些寻找地外智慧的计划没有得到支持。直到 1969 年，天文学家观测到宇宙空间中有机分子甲醛的光谱线，成为宇宙中生命体存在的“铁证”，也被誉为 20 世纪 60 年代天文学的重大发现之一。至此，人们逐渐认同地外生命存在的可能性，而且竞相实施了科学探索。从 1972 年起，人类就不断向太空深处发送各种航天器，有的航天器在深空中漂游，希望将地球的位置信息、地球上生命的一些声音和人类的图像等信息“捎信”给地外生物；有的航天器对星体进行撞击实验或着陆，希望对土壤、外层气体等因素的分析能够帮助找到生命的迹象。

天文学家已经在太空中发现几十种星际有机分子，星际有机分子的普遍存在，冥冥之中在告诉我们，宇宙中一定有大量具备产生生命条件的星体。著名物理学家霍金也在一部纪录片中预言："我从数学的逻辑来思考，仅仅这些数字本身就表明人类有关外星生命存在的说法是完全合理的，而真正的挑战在于将外星人找出来。"而就在 2015 年 7 月 20 日，霍金与俄罗斯硅谷企业家尤里·米尔纳联合，宣布启动一项名为"突破聆听"的外星生命搜寻项目，搜索范围包括整个银河系及其附近 100 个星系，历时 10 年，并誓言要找到答案。

目前，无论是在具有大气层和湖泊地貌的被认为类似地球发展早期的土卫六上，还是在一些被认为更适合生命存在的遥远类地行星上，迄今为止都还未发现生命存在的确凿证据。而我们地球上曾有的一些不明飞行物的报道、与地球生命构造完全不同的生物发现，以及异常发达的远古文明是否与地外文明有关，还有待于我们去探寻。或许，地外生命以与地球人类完全不同的环境和形态存在，我们完全不必以分析地球生物的思路寻找地外文明，而找到他们是"互利互惠"还是"引狼入室"，都还是未知。

4. 宇宙外或存在未知结构

宇宙是否有界限，宇宙之外会是什么？2008 年的一份科学家报告称，发现数百个星系团朝同样的方向流动（也被称为"暗流"），速度超过每小时220万英里（约合每小时350万千米）。这种神秘的移动还无法用当前有关宇宙内质量分布的模型解释。因此，有研究人员得出了一项引发争议的结论：这些星系团受到未知的宇宙外的物质引力拖曳。而这种现象并不是偶然事件，在2010年进行的研究中，同一支研究小组发现“暗流”延伸到宇宙更深处，超过此前的报告，与地球之间的距离至少达到25亿光年。① 它们的存在说明一些未知的、尚未被观测到的就潜伏在宇宙以外的区域。

5. 神秘的宇宙线

地球在浩瀚无垠的宇宙中运动，除了接收到可见光外，还有从宇宙空间射到地球上来的各种宇宙射线，宇宙射线是带电亚原子粒子，主要包括质子、电子以及基本元素的带电核。宇宙线是在1912年由德国科学家韦克多·汉斯发现的，在带着电离室乘气球升空测定空气电离度的实验中，韦克多发现电离室内的电流随海拔升高而变大，从而认定电流是来自地球以外的一种穿透性极强的射线所产生的，这也被认为是“宇宙线”的最初发现。

自从人类认识到宇宙线的存在以来，这个神秘的天外来客就在不断拍打着人类家园的大门，幸好有大气层的分散消解，否则人类将无法抵御这些宇宙线的强烈辐射。宇宙线被发现的一百多年来，与之相关的探索与研究已经产生了数枚诺贝尔奖牌，但人类始终未能解释宇宙线的起源。这些宇宙线来自何方？什么样的物理过程才能将其加速到如此之高的能量？宇宙线在从其发射源传播到地球这

---

① 《国家地理2010十大太空发现：黑洞内或存宇宙》，《科技传播》2010年第24期。

一漫长而遥远的旅途中经历了什么？这些问题的回答影响着人类对天体形成和演化的认识，决定着人们对物质世界的构成及相互作用的理解，而起源是其核心问题，这一未解之谜也被列入21世纪十大科学难题之中。

6. 消失的重子

重子包括质子和中子，构成物质的绝大部分质量。科学家已经通过各种计算方法，得到了宇宙“大爆炸”之后所产生的重子总质量。但是，目前已知星系和星云的重子总质量，大约只占“大爆炸”之后所产生重子总质量的一半多，而另一半重子似乎“失踪”了。据天体物理学家推测，消失的重子物质可能存在于星系之间，被称为温热星系际介质。寻找消失的重子仍旧是天文学家要揭开的谜团之一，因为对它们进行观测有助于科学家了解宇宙和星系的结构随时间推移发生的变化。

现代科学发展到今天也不过400年的历史，相对于浩瀚深邃的宇宙，人类掌握的自然知识还很有限，未知远比已知要多得多。浩瀚无垠的宇宙中还有诸多的未解之谜，如宇宙形成时的大爆炸的巨大能量源自何处，能量释放比数百个星系加起来还要多的类星体，星系间壮观的吞噬现象，宇宙时空结构发生扭曲引起的重力波，遥远的银河系外类地行星等。人类在地球上的历史至少还要延续40亿年，科学发现的机会很多，无尽后代探索太空，不仅是要发掘未知的世界，也是为了更好地理解我们人类自己，因为直到今天，无论是宇宙的起源还是人类在宇宙中的萌生与发展，仍有许多需要不断探索的问题。思想有多远，我们就能走多远。未来，我们将在前人积累的知识和成就的基础上继续前进，我们还要在太空这片空间里走得更远，看到更多。

六、寻找太空中人类宜居的新家园

从古时候天文学家们夜观星象、占星卜算开始，人类就对迷幻般的宇宙太空充满着无限的遐想，更演化出了许多以外星球为背景的脍炙人口的神话故事，多少人期望着有一天，人类能够“上九天揽月”，移居到美妙的“天上人间”。如今，世界人口急剧膨胀，地球变得越来越拥挤，环境污染日益严重，人类的生存环境不断恶化，温室效应，大气污染、水源污染、资源能源的过度开发，使人类面临着不可预知的灾难，人们对探索第二颗宜居星球的向往日益强烈。“俱怀逸兴壮思飞，欲上青天揽明月”，时至今日，人类已经先后将各种飞船、卫星、探测器、动植物、航天员，甚至太空旅客们成功地送入了太空，畅游太空“揽明月”对于人类来说早已不是遥不可及的梦想，我们有理由畅想，在不久的将来，人类可能会在美丽而神秘的太空家园安居乐业。

当神秘的飞船悄无声息地徐徐降落，一扇舱门缓缓打开，一个直立的“怪物”从里面走了出来，只见它身体细长，用两条腿走路，肩上顶着一个可以左右转动的圆球，此刻躲在暗处角落惊恐的星球原住民们已经完全惊呆了，它们不知道也不认识这个未知生物，其实这个未知生物便是一位来自地球的人类航天员，是人类派来寻找外星新家园的开路先锋。尽管他看起来依旧是离开地球时的模样，而实际上他已经在飞船的时间静止舱内“沉睡”了整整50年，从而彻底克服了漫长的太空之旅中补给不足、寿命有限的问题。事实上，早在1993年，美国加利福尼亚大学辛西娅·凯尼恩就已经找到了能让时间凝固的这一方法，凯尼恩对同人类有着三分之一相同DNA的蚯蚓进行了试验，并发现了一种能控制衰老的基因。她通过技术方法改变了这种基因，使蚯蚓的寿命竟然延长了6倍。设想如果人类也能获得这样的基因，我们就能活到500岁！也有科学家设想如果能让人类休眠，那就相当于找到了另外一种延长寿命的方法。我们可以在酣睡状态下飞行，会大大减少能耗，等到达目的地时我们还没有老去，只要打个哈欠，伸个懒腰，就能开始着手建设新家园。当然，这一幕不是发生在地球上，而是发生在一颗离地球极遥远的星球上；也不会发生在现在，而是发生在多年后，到那个时候，我们人类在另一颗星球就是不折不扣的“外星人”。

“太空移民”是人类未来可能面临的一种集体大规模的太空大迁移。地球移民们将把飞船、太空城、其他行星当作永久家园，并长期在那里生产和生活。2012年，年近70岁的著名科学家史蒂芬·霍金在英国BBC广播节目中发表了这样一段言论：“我们有必要向天空移民，在未来1000年内，地球很可能毁灭于人类之手，所以我们必须穿越星空，在火星和太阳系里的其他行星上尝试建立能够自给自足的‘殖民世界’。”而谈及太空移民技术方面，这位当下最著名的相对论和宇宙论学者并不担忧，他对于技术层面的问题表现出了乐观，并认为在太阳系范围内甚至更远的宇宙深处建立未来“殖民世界”，对人类来说不会存在技术障碍。

2014年，世界各大院线火热上映的由著名导演克里斯托弗·诺兰执导的科幻冒险电影《星际穿越》，基于知名理论物理学家基普·索恩的黑洞理论经过合理演化，以科幻的方式展现了人类在广袤的宇宙中进行星际航行，并在太空中寻找适合人类生存的新家园，以及未来在太空的生活畅想。人类对寻找另一颗宜居星球的向往已经愈发迫切。目前，各国科学家在太空移民方面也都有了一定探索和计划。

1. 令人神往的太空新家园

当有一天我们在另一颗星球踏上第一只脚准备开始新的太空生活的时候，那将是怎样一种景象，人类未来的移居生活是像在地球上一样多姿多彩，还是会呈现出有所不同的奇幻之旅，在那颗遥远的星球上，我们的生活是否依稀还有今天的模样？

当代科幻小说大师金·斯坦利·罗宾逊①所著的《红火星》《绿火星》《蓝火星》火星三部曲，细致描述了人类的太空移民计划，用跌宕起伏的情节，对人类移居其他星球的生活、事业、友谊和爱情进行了无限畅想。他在《红火星》中描绘到：公元2026年，人类启动了太空移民计划，一支由百名地球上最优秀的科学家和工

---

① 金·斯坦利·罗宾逊是当代科幻小说无可争议的大师，1952年生于美国加利福尼亚，多次获得科幻小说界最高荣誉雨果奖和星云奖，代表作有《火星三部曲》《海岸三部曲》等，喜欢旅行，现与家人定居在美国加州的戴维斯。

程师组成的探险队大举登陆火星，计划将这个辽阔、荒芜、孤寂的星球改造成生机盎然的伊甸园。在《绿火星》中，百人小组成员虽经过战乱折损大半，但他们坚持火星应维持原始之美的理想，由诞生于火星的新生代传承下来了，新一代领袖带领众人开始为了自由火星而战。火星三部曲的最后一部《蓝火星》，描述了未来公元2128年的情景，人类推翻了地球的统治，创立了全新的宪法与政府，名副其实的自由火星诞生了。在行政议会与全球环保法庭的治理下，红火星成为往事，往日贫瘠、荒凉的星球已经是一片生机盎然的绿意，并出现了蔚蓝的海水与天空。与此同时，地球经历了各种灾难，开始了移民、移民、再移民，从地球到火星，再到整个太阳系。

2014年，5名刚从法国ArtFx毕业的学生拍摄了一部极具震撼力的微电影《火星地球化》，用史诗般的场面、磅礴的气势、雄浑的配乐，展现人类占领并改造火星的创世界盛况，充满想象力地一步步展示了人类将火星地球化的改造过程，结尾一株绿色嫩芽内涵深刻，寓意又一个“地球”诞生了。

如果说小说家们、青年学生对人类移民太空有着天马行空的幻想，那科学家们对向太空移居，不仅有着数不尽的奇思妙想，还在技术层面对未来的太空生命保障系统提出了各种合理的设想。在受到地球自然生物环境启发的基础上，他们提出了一个理想化的“受控生态生命保障系统”的概念。生物世界是一个奇妙的世界，地球上的生物链和谐地保持着一个合理的动态平衡。那么，人类为什么不可以在航天器上，在未来的月球或火星上，人工构建一个“小地球”呢？受控生态生命保障系统如何实现，是科学家们探索的目标，也是人类航天应用技术中的前沿。目前，科学家们已经在为人类的太空家园做准备，计划和设想中包含着人类在太空生活所需要的太空工厂、太空农场、太空城市的建设，等等。移居太空不是梦想，入住“月宫”也不再是神话。

（1）太空港。人类向太空迁徙将经历一个漫长的过程，将货物和人员分批次地运送到其他星球的过程中，中转站将是不可或缺的。科学家计划在近地轨道、围绕月球和火星轨道，以及在地月系统中的自由点上陆续建成空间港，作为空间客运和货运的中转站。其间将有巡天飞船常年巡回飞行，又有转运飞船像驳船一样在空间港与巡天飞船之间接送货物和人员。当近地空间港和火星空间港建成后，便形成一个完整的航天运输网络。

模拟“太空港”概念图

（2）太空农场。美、日、欧在 21 世纪的太空计划中，将“植物在密封太空舱内进行长期实验”列为重点研究项目，并正在设计太空农场。科学家们认为，太空农场可能建成球冠状，利用其外面可以转动的反射镜调节室内温度，从而使植物处于像地球上的生长环境一样。科学家对从月球上取回的土壤进行了分析，认为只要略加改造即可用来作为太空农场种植庄稼的土壤，同时还可用来提取氧气和合成水分，以供“太空人”生活之需。太空农场种植庄稼，无需除草和喷洒农药，所以没有污染，生产出的蔬菜和水果非常洁净。另外，太空农场全部是自动化作业，只需在“控制室”操纵按钮，即可对作物进行全面管理。俄罗斯和平号空间站上有一个太空温室，面积约为 900 平方厘米，播种了数十粒不同品种小麦的“太空种子”。在太空失重条件下，播种的小麦可望在 70~90 天后成熟。在这个封闭的太空温室内，松土、浇灌等所有农活均是在航天员控制下由机器人自动操作完成。

（3）太空工厂。随着宇航技术的发展，人类在太空建造永久性建筑日益成为可能，太空工厂将列入第一批太空建筑。由于脱离了重力约束，在高度真空的特殊条件下，太空工厂将成为制造某些地球上不能制造的稀有产品的理想场所。由航天飞机把原料送往太空工厂，或者利用太阳系各行星中的资源，制造加工成所需的产品后再运回地球。因为太空不存在冷热对流、浓淡、沉淀等现象，所以太空工厂制造的药品比在地面上制造的纯度至少高 5 倍，制药的速度快 400 倍。

（4）太空住宅。美国火星模拟任务——夏威夷太空探险模拟任务（Hi-Seas）已经开始启动，6 名参与者将在夏威夷模拟火星环境建造一个圆屋顶的住宅，并在该地进行为期分别为 4 个月、8 个月和 12 个月的居住与生活。参与者们配备了时下最热门的 3D 打印机，用以制造他们生活所需的各种工具，在未来的载人火星任务当中，3D 打印机必将发挥重要的作用。该任务计划在 2030 年将人类顺利送上火星居住，未来航天员们将搭乘猎户座飞船往返火星。

（5）太空城市。美国科学家拟建的太空城，一种设计方案是一个旋转的圆筒，圆筒的一端对着太阳，另一头为半球形，一座半径为 100 米、长为 4000 米的圆筒太空城可容纳约 10000 名居民。另一种设计方案是轮状、中心旋转的太空城，太空城整个直径 2800 米，轮圈本身直径为 300 米，轮的外缘是太空城的地面，轮的内缘是太空城的顶部，“屋顶”由透明的材料做成天窗，阳光从天窗射进来，经过调节，使太空城明亮且温暖如春。埃隆·马斯克①的 SpaceX 公司启动了一个庞大的火星计划。该计划并不仅仅是载人登陆，更是要建立一个属于全人类的火星城市，让人类文明提前发展到行星际阶段。然而，在火星上建造城市的第一关就是要实现火星载人登陆。SpaceX 公司认为“龙”式飞船能够实现这个创举。SpaceX 公司目前使用的平台就是“龙”式飞船和“猎鹰”系列运载火箭，如果“猎鹰”系列能够实现重复使用，则可大大降低发射费用，一次入轨只要数百万美元，这样就可以部署大量的卫星群，打造可重复使用的火箭，这样不仅能够降低入轨费用，还方便了进行火星飞船的降落研究，自主降落技术在未来将有望

① 埃隆·马斯克，贝宝、特斯拉汽车、SpaceX 奠基人，互联网金融、汽车、航天领域创新领军人物，被称为“钢铁侠”和“跨界领航员”。

应用到在火星登陆上。到目前为止，可重复使用火箭已经发展了多年，其目的在于降低成本、实现大规模航天发射，最终建立永久火星殖民地。科学家们一致认为：人类移居太空不再是虚无缥缈的幻想，人类大规模移居太空已为期不远。飞出地球去，天上有人间。

2. 太空移民有波折

2015 年 2 月，英国《焦点》称，NASA 和荷兰“火星一号”太空发射公司开始为前往火星的任务做准备。就读于英国伯明翰大学的 24 岁华裔女生玛姬 · 刘已经被列入火星移民计划“火星一号”的 600 强名单，该计划将最终选出 40 人在火星定居，并繁衍下一代。玛姬 · 刘就是从最初的 20 万名申请者中入围 600 强名单的，她如果能成为第一批登上火星的 40 人中的一员，就将接受为期 10 年的训练，而此次单程火星之旅长约 1.4 亿英里，预计将耗资 40 亿英镑（约合人民币 377.36 亿元）。玛姬 · 刘希望在火星上生宝宝，尽管到达火星之后必须对抗零下 62℃的低温、致命的宇宙辐射，还要面临死于缺氧、饥饿和脱水的危险，但玛姬 · 刘表示愿意为火星移民任务奉献自己。“火星一号”计划自 2024 年起每隔 2 年送一个 4 人小组前往火星。即将前往火星的小组成员必须学习各项技能，从医学到工业、从农业到电子产品。因为他们要把火星变成永久的家园。该计划的参与者表示：“通信将成为最大的挑战之一。在火星，传递一条信息的时延为 3 分钟至 22 分钟，因此我们必须知道如何应对。这次火星之旅是单程的，因为火星上没有发射台，如果要让志愿者们返回地球的话，那就还需要增加60亿英镑（约合人民币566.04亿元）的预算。”该计划一经公布，就在全球引起了广泛关注，然而同时也有消息称，“火星一号”计划有可能是一个骗局，单程票的自杀式移民可能并不靠谱。真相究竟如何，时间会给出最为客观的答案，让我们拭目以待。

理论上来说，人类踏上其他星球（比如火星）需要长达数年的时间，但目前人类根本无法离开地球这么长时间，原因就是我们的生物学特性让我们和地球密切地连在一起。同时，科学家们也在太空实践中收集到诸多人类离开地球在太空旅行过程中出现过的生理状况，比如：肌肉萎缩、骨质流失、致盲的可能性，甚至样貌的改变和繁衍生息的障碍，等等，这些难题至今未能攻克，同时太空中也存在着许多无形杀手。

首先，进入太空后重力消失，我们的骨骼、肌肉、心血管、消化系统、神经系统和内分泌系统都会受到严重影响，心肌会因失去重力而萎缩，骨骼也会停止生长，变得脆弱，若登上土星，轻拍一下背部就会使脊柱断裂。

其次，太阳耀斑和深太空辐射也对人类构成潜在威胁，太阳耀斑爆发时致命的辐射性物质会进入太空，人类届时若在太空当中，10小时后就会死亡。此外，深空辐射目前也无法避免，谁也不希望人类到了目的地却变成了盲人不能着陆，或者失去了记忆。

第三，太空移民就必须考虑在太空繁衍生息的问题，而地球的重力对于胚胎的发育至关重要，人类在太空能否保持生育能力，目前尚未经过试验。

第四，太空移民成本巨大，比如，科学家还无法估算出，要将一颗死气沉沉的行星变成地球一样的绿色星球，到底会花费多少费用，或许将是一个天文数字。科学家认为，人类将来或许可以征服火星，但需要耗用至少600年的时间让火星拥有大气、水以及植被，有关实现该计划的时间尚有待商榷。

所以从任何角度而言，太空移民不仅面临着技术方面的难题，还存在很多技术层面之外的难关需要攻克。人类的太空移民之路虽前景光明，但仍面临诸多挑战。

历史人物

亚瑟·查尔斯·克拉克

查尔斯·克拉克

亚瑟·查尔斯·克拉克，英国著名科幻小说家，1917年12月16日出生于英格兰萨默塞特郡迈因赫德。克拉克科幻作品里的诸多预测都已成为现实。尤其在1945年，他为《无线电世界》撰写了一篇题为《地球外的转播》的文章，详细预言了可将广播和电视信号传播到全世界的远程通信的地球同步卫星系统，在当时甚至专门从事此方面研究的科学家读后也对此表示怀疑。

然而，20年后，人类真的如克拉克所预言的那样发射了“晨鸟”同步卫星。由于他对卫星通信的描写与现实的发展惊人地一致，地球同步卫星轨道也因此命名为“克拉克轨道”。其主要作品有《童年的终结》《月尘飘落》《来自天穹的声音》《帝国大地》和《2010》，等等。同时，还拍摄了富有创意的科学幻想片《2001 年太空漫游》。他本人也与艾萨克·阿西莫夫、罗伯特·海因莱因，并称为 20 世纪三大科幻小说家。

克拉克在“克拉克经典定律”中曾说过：“任何足够先进的技术，在最初看上去都与虚幻的魔法无异。”他曾对人类的未来发表这样的预言：地球人与外星生命体将在 2030 年相遇；人类将在 2060 年创造人工人；并在 2090 年发现“长生不老”秘诀。克拉克的这些预言在目前听起来还依然有些匪夷所思，能否再次如期而至，让我们一起静候佳音。

七、建造更强大的空间系统和地面系统

随着人类对太空探索和开发空间的不断扩展，更强大的新一代航天器、运载器、地面系统正在部署，为太空资源的开发利用，提供了不可缺少的产品载体和基础设施。

1. 多样化的人造卫星

各类通信广播卫星呈现多样化发展，以支撑不同通信用户的固定、移动、数据中继等通信应用。美、欧等先进国家发展了多种通信广播卫星系统，形成了完备的通信广播卫星系统体系。通信广播卫星的覆盖范围从区域扩展到全球，工作频段从移动通信的 L、S

频段到固定通信的 C、Ku、Ka 频段，业务能力从移动用户的中低速率话音服务到固定用户的高速率视频等多媒体服务。高吞吐量（HTS）卫星[①]系统能带动宽带基础设施的发展，进而推动电子商务、移动互联网、物联网、大数据等电信应用的发展。未来，高吞吐量卫星系统即将迎来爆炸式发展。目前，全球 30 余个卫星运营商，已经有 20 多个发射或宣布了 Ka 波段 HTS 卫星的计划。

遥感卫星系统提供的影像将向高分辨率方向不断提升。美、欧商业地理空间图像公司为提高市场竞争力，纷纷提出政府放宽商业卫星分辨率限制的建议。根据美国预测国际公司估算，2012~2021 年，全球将制造 108 颗遥感卫星，民用与商用遥感卫星市场规模将达到 170 亿美元。国防用户仍是世界范围内卫星图像的最大采购方，此外，遥感卫星数据还用于气象、科学观测，以及灾难缓解。通常政府拥有并运行这些卫星，政府还将更多地发展合成孔径雷达技术，以满足其成像需求。遥感卫星行业的巨头们将不断地升级卫星，扩大星座，替换老化卫星以保持其竞争力。

作为各国国家战略重要组成部分的导航卫星系统，多系统共存将使更多用户受益。美国最新一代卫星定位系统 GPS III 正在加紧研发，预计 2025 年完成。为解决单一导航系统的不足，美国首先提出了国家 PNT 体系概念，可提供全天时、全天候高精度定位、导航与授时（PNT）服务的卫星导航系统的出现，将使全球 PNT 服务产生革命性

① 高吞吐量卫星，即 HTS（High Throughput Satellite）卫星，是新一代宽带通信卫星的统称，采用新一代的宽带卫星通信关口站和终端小站技术，支撑数十万套用户终端的高吞吐量通信需求。

美国 GPS III 卫星想象图

的变化。俄罗斯 GLONASS 全球导航卫星系统拥有较强的抗干扰能力，但其精度要比 GPS 系统的精度低，为此，俄罗斯正在着手对 GLONASS 系统星座进行维持和发展，预计 2020 年完成。欧洲伽利略定位系统（Galileo Positioning System）目前处于在轨验证（IOV）阶段，预计 2018 年完成。中国北斗卫星导航系统区域组网已顺利完成，计划 2020 年左右建成覆盖全球的北斗卫星导航系统。

在未来能够提供有价值服务的小卫星或小卫星星座得到了相当大的关注。与 2012 年相比，2013 年发射入轨的卫星数量增加了约三分之二，其中很大部分归因于 91 千克以下的卫星数量的增加。2013 年发射的 197 颗卫星中，一半以上都是微小卫星。太空工作技术咨询公司在 2014 年出版的《纳卫星/微卫星市场评估》年度报告中预测，到 2020 年前，纳卫星/微卫星发射数量将持续稳定增长，2020 年这类卫星的发射数量将在 410~543 颗。美国国防高级研究计划局正在开发能提高军事作战效能的空间系统（SeeMe），目的是向美国高机动性海外作战部队提供在远程、视距外按需访问的天基战术信息。每一个 SeeMe 星座包括 24 颗 45 千克重的小卫星，设计寿命 2~3 月，置于 200~350 千米低轨道。美国空军研究实验室正在和萨瑞公司合作，开发将小卫星用于增强现有 GPS 系统的技术，提出小卫星 GPS 有效载荷，对现在信号难以到达的地区提供覆盖。行星实验室已经发射了数十颗 3U 立方体卫星（尺寸为 30 厘米×10 厘米×10 厘米）；天空盒子成像公司正在发展由 24 颗小微卫星组成的天空卫星（Skysat）星座。

约合 10 厘米见方的立方体卫星

2. 更大载荷、可重复使用的运载器

“火箭的能力有多大，航天的舞台就有多大。”新一代载人深空运输系统研发进入新阶段，推力更大的运载火箭将助力探索月球、火星、小行星，进行更大范围的太空资源开发利用活动。

“航天发射系统”（SLS）无疑是迄今最大的固体运载火箭，是NASA设计的一种衍生自航天飞机技术的重型发射载具（HLV），专为深度太空探索研发，旨在载人飞抵火星。SLS重型运载火箭共有3种构型，近地轨道运载能力分别为70吨、105吨和130吨。70吨构型属于载人型火箭，105吨和130吨构型分别包括载人和货运型号。首枚火箭计划于2017年12月发射，此后火箭构型将逐步优化，面向探测任务需要，逐步提高运载能力，其承担的发射任务也从月球任务逐步向小行星、火星任务过渡。至2032年，其低地球轨道运载能力将达到130吨。

太空发射系统的火箭模拟图　　SpaceX 猎鹰重型火箭

SpaceX拟研制近地轨道运载能力达170吨的“超级载重火箭”（Falcon Heavy）。欧空局也在加强对阿里安系列重型火箭的研制。中国拟定了近地轨道运载能力130吨的重型运载火箭方案。

中国按照“无毒、无污染、低成本、高可靠、适应性强、安全性好”的目标，正在研制“长征-5”新一代运载火箭。2015年3月23日，“长征-5”成功进行了芯一级动力系统第二次试车，实现了其最难关键技术的重大突破，为2016年首飞打下了坚实基础。“长征-5”的近地轨道运载能力为25吨，地球同步转移轨道运载能力最大为14吨，可满足未来发射空间站、深空探测器及大型卫星的需求。俄罗斯独立研发的安加拉运载火箭，利用无毒安全推进剂，能将2~40吨的有效载荷送入低地球轨道，将最多约7吨的有效载荷送入地球同步轨道。欧空局研制的“阿里安-5ME”比目前的“阿里安-5ECA”型火箭的运载能力提高20%，地球同步转移轨道运载能力为11.2吨；后继型号“阿里安-6”的特点在于可靠性高于“阿里安-5”系列，而且成本较低。日本宇宙航空研究开发机构和三菱重工还展开对H-3火箭的技术论证。H-3为三级火箭，地球

长征5号运载火箭

同步轨道运载能力为4吨，在使用固体助推器的情况下可达6吨。该火箭可能在2020年首飞，将有助于日本发射大型卫星、载人航天器和深空探测器，发射费用将比H-2A便宜20%~30%。

从长远来看，运载器实现可重复使用是降低航天运输成本、提高运载能力和发射频率的必然之选。美国、俄罗斯、欧洲、印度及日本等都在加紧研制可重复使用的运载器。如美国多家私营企业正积极研制可重复使用运载器，其中SpaceX研发的“猎鹰9号”（Falcon 9）可重复使用火箭，已成为该领域比较成熟的产品，且已实现了多次成功测试。2012年11月完成了第一次测试，火箭飞行高度5.4米，飞行距离18米，飞行过程历时8秒。在2012年12月中旬的一次测试中，其飞行高度达40米，历时29秒，又返回并稳稳当当地降落在发射台上。这次发射验证了可重复使用火箭的垂直起降技术和飞行控制技术已经比较成熟。2015年1月10日，在发射“龙”飞船向国际空间站运送物资过程中，新型“猎鹰9号”火箭第一级在完成任务并分离之后，首次尝试了进行受控的精确着陆和回收。在经历了几次失败的一级火箭分离后返回试验之后，SpaceX于2015年12月22日成功实现返回的新型“猎鹰9号”一级火箭的陆地回收。北京时间2016年4月9日凌晨，SpaceX成功发射“猎鹰9号”并回收一级火箭，这是SpaceX在陆地回收火箭成功后，第一次在世界上成功实现海上平台回收，这将可能大幅降低人类进入太空的成本，具有划时代的意义。此外，这类轨道火箭对于未来人类再次展开登陆月球或者探测火星这些超远距离太空任务，也有着非凡的意义。

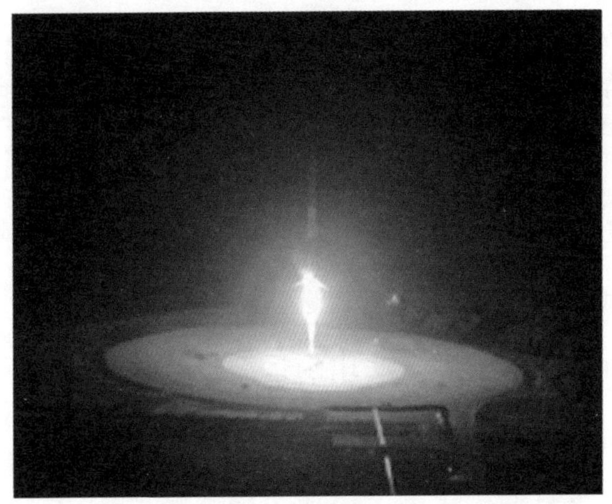

“猎鹰 9 号”一级火箭回收落地画面

“猎鹰 9 号”一级火箭发射与回收延时摄影图

面向未来的新一代运输工具研制取得重要进展。美国洛克·马丁公司正在研制多用途乘员飞行器，也称为“猎户座”（Orion）载人飞船，它是 NASA 官方代替航天飞机的新方案。美国波音公司的 CST-100 是为满足 NASA 于 2009 年提出的商业乘员发展计划而设计和制造的载人飞船，预计于2016年进行首次飞行。在商业乘员计划中，内华达山脉公司与NASA兰利研究中心合作开发“追梦者”号航天器，该公司计划于2017年执行商业乘员运输任务。俄罗斯新型载人飞船PTK NP计划用于完成近地轨道和月球任务，预计最早于2018年首飞。英国“云霄塔”空天飞机上同时有飞机发动机和火箭发动机，起飞时不使用火箭助推器，可以像飞机一样从机场跑道上起飞，以高超声速在大气层飞行，直接进入太空，成为航天器，降落时亦可以像飞机一样在机场跑道上降落。空天飞机将会是21世纪世界各国争夺制空权和制天权的关键武器之一。目前，美国、俄罗斯、中国、日本及德国都在研究空天飞机，其中，美国最先研制成功，于2010年进行了飞行测试。

“云霄塔”空天飞机

对小卫星需求的增长，助推了人们对专用发射工具的兴趣。一般来说，小卫星会在大卫星发射时作为搭载物升空，而这种机会较难抓住。因而，国外出现了对小卫星发射工具的研制计划。由美国国防高级研究计划局发起的“空中发射辅助进入太空”计划，在2014年上半年选择波音研制的一种用F-15战斗机发射的火箭；维珍银河公司的“发射器一”、时代轨道公司的“GO发射器二”，皆是一种空基发射火箭，用以作为小卫星的运载工具。日本的“J-1”火箭，是在“H-2”火箭和“M-3S”火箭的基础上发展起来的三级固体火箭，能将1吨重的有效载荷送入近地轨道。

此外，俄罗斯、美国、日本设想在地球和地球同步轨道或者月球之间，搭建一个“太空电梯”。未来无需经过任何训练的大量乘客，可以重复乘坐“太空电梯”进入太空。美国World View公司将推出氦气球太空旅行服务，通过氦气球把旅客送到30千米高空的大气层边缘之后，气球会保持高度在平流层飞行2小时左右，然后再用40分钟返回地面。中国正在研制的“太空摆渡车”将兼具航天器和运载器的技术特征，可多次启动、工作时间长，可以先后把不同“乘客”送到不同目的地。

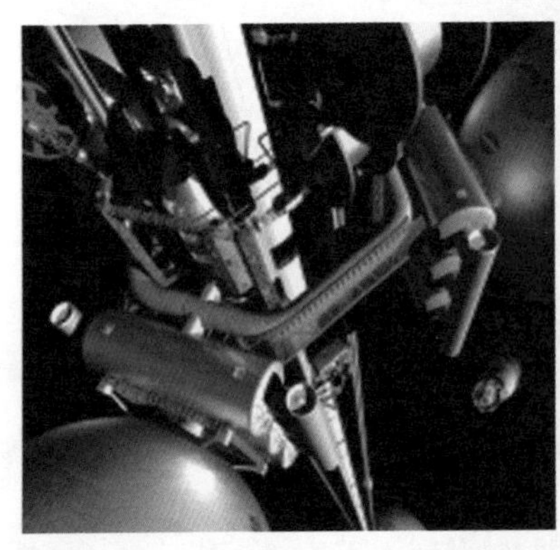
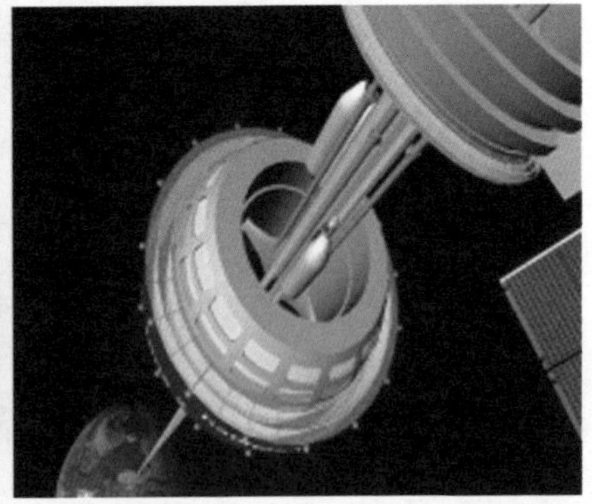

“太空电梯”概念图

“太空摆渡车”——远征 1 号

3. 支撑天地链路的地面基础设施

航天发射场在太空发射中的地位举足轻重。目前，全球共有 22 个航天发射场，分布在美国、俄罗斯、中国、日本、印度、意大利、法国、巴基斯坦、巴西等 11 个国家和地区。其中，俄罗斯、美国、中国均拥有 4 个航天发射场，日本和印度各拥有 2 个，其他国家和地区都拥有 1 个航天发射场。航天发射场的主要功能是，完成运载火箭和航天器的装配、测试和发射，对飞行中的运载火箭及航天器进行跟踪测量、监视和安全控制，以及相关的后勤保障等。由于航天器、运载器的发射成败影响重大，要求航天发射场必须具备良好的安全性和可靠性，并满足发射准备时间短、发射准时、运行效率高以及使用维护方便等要求。随着航天器与运载器的技术性能不断提高，发射要求也在不断提升，在数量上，需要更多位于不同经纬度的发射场，来满足包括商业发射在内的不同发射需求；在质量上，需要更加智能化的发射场，发射场的可靠性需要不断提高。航天发射场正在朝着专业化、现代化持续发展。

美国将在2025年前于东靶场和西靶场建造多个多用途的发射综合设施，使发射场能快速响应，在接到命令24小时内完成发射任务，包括任务计划、发射场运行、发射操作等地面操作都及时完成。

俄罗斯正在兴建的东方航天发射场作为一个远东大型的民用航天发射场，将于2020年以后开始经常性的航天发射，届时，俄罗斯大约45%的发射任务将在东方航天发射场进行，44%在普列谢茨克航天发射场进行，11%在拜科努尔航天发射场进行。

中国的文昌卫星发射中心始建于2009年。作为低纬度滨海发射基地，文昌卫星发射中心不仅可用于满足中国航天发展的新需要，还能借助接近赤道的较大线速度，以及惯性带来的离心现象，使火箭推进剂消耗大大减少（缩短入轨航程），亦可通过海运解决巨型火箭运输难题并提升残骸坠落的安全性。文昌卫星发射中心建成后，主要承担地球同步轨道卫星、大质量极轨卫星、大吨位空间站和深空探测卫星等航天器的发射任务。

英国政府计划在英国国内建设航天发射场，预计将于2018年正式运营，将成为欧洲本土的首个航天发射场，届时有望同时提供商业太空旅行或超快速国际飞行。在经历了三个月的严苛考察，目前英国政府将会在4个场地中进行选择，包括苏格兰的坎贝尔敦（Campbeltown）和斯托诺韦（Stornoway），英格兰的纽基（Newquay）和威尔士的兰贝德（Llanbedr）。

英国拟建发射场概念图

卫星资源和卫星应用的快速发展，需要构建更加完善的卫星地面站网络，覆盖到地球的每一个角落，使更多的人从卫星发展中获益。卫星地面系统主要包括分布广泛的各类卫星地面站网络和相关数据中心等。地面站网络是卫星地面系统的重要组成部分，其基本作用是向卫星发射信号，同时接收由其他地面站经卫星转发来的信号。地面站是卫星系统与地面公众用户网的接口，是连通卫星系统和地面应用的桥梁，地面用户通过地面站出入卫星系统形成链路。各种用途的地面站略有差异，但基本设施相同。世界主要航天国家纷纷建立起了自己的全球化地面站网络，民用的地面站网络如美国NASA的近地网、欧空局的地面网、日本JAXA的地面站网络等。通过对这些分布于世界各地的地面站的合理调度，主要航天国家基本形成了卫星下行信号无盲区的接收能力。未来，需要建设能满足不同卫星网络需求的地面站资源。值得一提的是，目前信息网络的发展趋势正从地面、地表和空间分割的网络走向一体化。国内外正打造空天地一体化信息网络，把越来越多的社会经济和生活等各个空间连接起来，为人们提供立体全方位的通信服务。

数据中心是接收、汇集、处理和分析遥感、导航定位、授时数据的地面站，并向特定用户分发和管理数据的特定场所，属于卫星数据的地面处理系统，专门负责对卫星数据进行标准化处理和分发服务，将卫星数据以产品化的形式传递给各类用户。随着人类生活节奏的加快和人为自然灾害的频发，对数据处理能力提出了更高要求。在数据处理时间方面，需要用更短的时间、更加快捷地处理卫星数据，得到有效信息，从而更加有效地进行灾难救援。同时，需要不断提高数据处理质量，满足不同人群的多样化信息需求。

八、为太空开发应用创造更好的条件

太空资源开发利用的综合实力，与先进的空间技术和成熟完备的航天工业体系等密切相关。如今，世界主要航天国家注重顶层部署与技术创新，通过制定空间技术发展路线图规划空间技术的长远发展，鼓励更多类型的企业参与技术研发与产品交付，促进相互间的知识共享与国际合作，为太空资源的开发利用，创造良好的环境和坚实的基础条件。

1. 制定空间技术发展路线图

回顾太空开发应用的发展历程，每一次成功都依赖于重大关键技术的突破。未来太空资源开发利用的关键之一就在于能拥有一系列探索宇宙的先进空间科学技术。

空间科学技术是指探索、开发和利用太空以及地球以外天体的综合性学科技术，它是力学、热力学、测量学、材料学、电子技术、自动控制和计算机等多门现代科学技术的综合集成，其技术含量超越了现有的任何一门高科技，是当今世界上最复杂与最前沿的科学领域之一。太空资源的开发利用与前沿技术概念的研究开发、科学技术资源的投入和优化配置密不可分。

世界领先的航天国家高度重视技术创新，提前为未来的太空探索活动研究、储备新技术，纷纷制定了面向未来的空间技术路线图和计划，推动在航天基础科学技术研究、航天产品研制、航天高技术产业发展等方面创新，力图抢占航天产业和技术创新的制高点，为人类飞离地球探索地外空间、开发利用太空，树立新的里程碑。

美国制定国家航天政策和战略规划，定期出台和更新技术路线图。2010 年，美国发布了《NASA 空间技术路线图草案》，确定了由 14 个技术领域组成的综合技术路线图，包括发射推进系统，空间推进技术，空间功率和能量存储，机器人和自主系统，通信和导航，乘员健康、生命保障和居住系统，载人探索目的地系统，科学仪器、天文台和传感器系统，进入、下降与着陆，纳米技术，建模、仿真、信息技术与处理，材料、结构、机构系统和制造，地面和发射系统及热管理系统，并为每一个技术领域明确了未来 5 ~ 30 年先进技术研发的时间先后顺序和相互关系。2012 年 2 月，美国国家研究委员会（NRC）发布了《NASA 航天技术路线图与优先事项：

恢复 NASA 的技术优势，为航天新纪元铺平道路》。2013 年 2 月，NASA 再次发布《NASA 战略航天技术投资规划》，明确了对战略伙伴有重要影响意义的航天技术，包括核心技术、重要技术和补充技术。

欧洲自 2005 年开始研究制定欧洲航天技术发展路线图，基于全球发展趋势，在欧洲航天计划和政策技术需求的基础上，从竞争力、自主能力和计划性等角度评估各项技术的关键程度以及成熟度，发布了《2008～2014 年欧洲航天技术发展路线图》，包括 5 大技术范围、12 个子领域和 300 余项具体技术的发展路线图，为确保欧盟太空竞争力和自主能力提供了保障。这 5 大技术范围 12 个子领域是：（1）卫星技术领域，包括通信、导航、对地观测 3 个有效载荷技术子领域；卫星平台技术子领域，主要针对欧洲亟待发展的星上推进技术；另外针对小卫星广泛应用的需求，还设置了卫星快速部署子领域。（2）科学任务技术，包括编队飞行技术和高性能科学任务有效载荷技术子领域。（3）空间探索和载人航天/居留技术，包括机器人空间探索和载人空间探索 2 个子领域。（4）进入空间技术，包括运载火箭相关技术。（5）交叉和通用技术，包括电源/热控/结构技术、电子系统/数据处理/软件技术、系统总体设计技术、地面段运行管理技术等子领域。

日本制定了航天产业至 2025 年的技术路线图，将关键技术分为 11 个技术领域，以指导和推动日本航天产业发展。包括卫星基础技术、对地观测技术、通信广播技术、导航定位技术、地面测控运管和信息处理技术、航天运输技术、空间能源应用技术、空间碎片观测与减缓技术、空间环境应用技术、天文观测技术、月球和行星探测及载人航天技术。

中国针对太空领域的发展，前瞻性的统筹谋划太空科技发展战略，理清空间领域重大科学问题，制定了2010~2050年的空间科技发展路线图。围绕空间科学、空间技术以及空间应用三大领域，明确了多项重大科学和技术问题，制定了2020年、2030年以及2050年的阶段性发展目标和总目标，为未来太空科技发展明确了顶层设计和实施路线图。预计在2050年，在空间科学方面，将实现从空间科学大国到强国的跨越，并在基本科学问题方面取得原创性的汇总大突破。同时，将开展火星以远的行星探测，并在月球建立有人值守的月球基地，进行大型月球基地观测；在相关空间技术方面，大部分空间光学和其他空间观测和对地观测载荷将达到国际领先水平，空间信息传输速率、关键平台技术达到国际领先水平，深空飞行、自主导航、定位能力将达到国际领先水平；在空间应用方面，将实现主要利用国内应用卫星和自主创新地球系统科学卫星数据，部分利用国外卫星数据。同时，实现地球系统模拟网络平台的全面运行与服务。①

2. 汇聚各类企业激发成长能量

加强管理、推动改革和调整重组，将新的力量吸引到太空活动中，激发出持续发展的能量，不断增强开发利用太空资源的整体实

① 《科学革命与中国现代化：关于中国面向2050年科技发展战略的思考》，科学出版社，2009年第1版，第84页。

力，这是未来发展的重要趋势。

多元化的资金与资本来源，为太空资源的开发利用提供了源源不断的“活水”。首先，未来政府投入仍然是太空活动最重要的资金来源。这是由航天事业在很大程度上关系着国家的综合实力，航天设施的建设又具有半公共品的性质所决定的。从空间科学研究、太空领域前沿技术的预先研究工作，再到太空产品的实现，持续时间长、潜在失败风险大，并且在短期内难以取得回报，需要持续的先期资金的投入。其次，工业企业成为政府预算投入的重要补充。在全球太空产业中，不乏波音公司、空客集团（原欧洲宇航防务集团，EADS）这样总资产百亿美元以上的大型宇航集团，这类企业集团持续保持对研发的较高额度投入，在连接研究发明与市场化应用、贯通技术与市场、实现太空技术的开发和转化中发挥了重要作用，逐渐形成在太空领域的资本积累，是太空活动持续、健康开展的重要动力源泉。再次，商业资本越来越多地参与到太空活动中。冷战结束后，民用航天和商业航天所占比重不断增加，商业部门的研发投资已远远超过政府投资，在许多技术领域和生产运行中，商业部门已遥遥领先于国防工业。主要的航天国家也更加重视航天的军民融合发展。美国法律明确规定，“有关国家技术和产业基础的国家安全目标是军民融合”，为降低成本、提升产品性能，国防工业应当尽可能地使用成熟技术，最大程度地依托商用技术和工业基础，减少政府对使用商业产品、流程和标准的限制障碍。

更多的民营、私营企业进入到太空资源开发活动中。如欧空局在 2006 年开始创建首个公私合资企业，建造 HYLAS-1 宽带通信卫星；与法国国家太空研究中心、阿斯特里姆公司以及泰雷兹·阿莱尼亚航天公司共同开发大型阿尔法平台；以公私合作模式研发欧洲首颗完全由电力推进的航天器 Electra。SpaceX 是商业航天公司中的佼佼者，该公司研发的“猎鹰”运载火箭和“龙”飞船已成功完成了向国际空间站的物资运输任务。未来，随着以 SpaceX 为代表的商业航天公司的迅速崛起，或将打破政府主导太空探索的历史，开启航天发展的新时代。

3. 共享与合作促进太空资源开发

未来人类外层空间活动的愈发频繁，载人航天、空间站、探月、深空探测等空间探测项目大型化、复杂性的提高，以及长期运行维护等所需的资金、技术和人力物力，超过一国所能单独承受的范围。加强共享与合作，在技术上取长补短，合理使用有限的人、财、物资源，降低风险和成本，高效率地实现更遥远距离的深空探测、开发利用活动，在世界航天国家已经达成了共识。太空资源的开发利用已经越来越离不开国家、企业、组织机构间日趋紧密的国际合作。

即使航天技术发展处于世界领先水平的美国，也在太空资源的开发利用中寻找合作伙伴。美国的商业卫星制造全球化水平较高，其载荷电子器件或全部有效载荷经常由欧洲或日本公司制造；美国制造的卫星平台，也会供应给欧洲、加拿大、日本公司主承包的卫星系统。美国在运载火箭制造方面，“宇宙神-5”用了俄罗斯制的 RD-180 发动机和欧制部件；“德尔它-4”用了日制的发动机阀和欧制部件。截至 2015 年 1 月，美国已经与 8 个国家（英国、韩国、法国、加拿大、意大利、日本、澳大利亚、德国）、两个国际组织（欧空局和欧洲气象卫星应用组织）签署了太空态势感知数据共享协议。此外，美国战略司令部还与 16 个国家的 46 个商业实体签署了协议。

随着越来越多的国家、企业及组织参与到太空资源开发利用的活动中，促进信息的透明度以及开展广泛的合作，有助于加强太空资源开发利用的长期可持续性、稳定性、安全性，这也是人类发展的共同利益。

回望地球数千年文明史，探索未知一直是人类作为智慧生物的原始本能，更是人类文明前进的原动力。

如果将“斯普特尼克 1 号”飞上太空作为太空探索的起点，到 SpaceX 的“龙”飞船、维珍银河公司的“太空船 2 号”开启的商业航天活动的爆发，人类文明正从地球时代迈入太空时代。

在人类首次登月近半个世纪后，新一轮太空资源开发活动很有可能开启宇宙探索的崭新一页。